VINCULUM MATRIMONIALE

in iure romano

Olis Robleda S. J.

in novo testamento

Mons. Salvatore Garofalo

apud sanctos patres

Pierre Adnès S. J.

in theologia et I. C.

Urbano Navarrete S. J.

UNIVERSITÀ GREGORIANA EDITRICE
ROMA 1977

Ristampa fotostatica 1977

INTRODUCTIO

SS. DD. Paulus VI, die 13 decembris 1971, specialem concessit audientiam Professoribus et participantibus « Cursus renovationis canonicae pro Iudicibus ecclesiasticis », quem Facultas nostra apparaverat. Inter eos alloquendos Romanus Pontifex momentum extulit argumentorum, quae in Cursu exposita fuerant, ac in specie mentionem fecit de praelectionibus circa matrimonii ligamen, stimulos addens ut profundiores et accuratiores investigationes fierent: « penitius — dixit — inquirendum est in vinculum connubiale, respectu habito doctrinae Novi Testamenti, Patrum et Magisterii Ecclesiae »[1].

Professores qui haec argumenta in Cursu evolverant, huic optatui obsecundantes, consilium coeperunt suas dissertationes, novo studio curatas et apparatu scientifico auctas, in unum colligendi, et quidem praemissa nova dissertatione circa vinculum matrimonii in Iure Romano, qua praesuppositum quoddam praebetur, lucem quidem in re afferens, unde praesens investigatio omni ex parte completa evadat.

Prima igitur inquisitio versatur in Iure Romano. Eius auctor, O. Robleda, S. I., initium sumit a divortio inter romanos, quod quidem a remotis temporibus usque ad saec. III a. Chr. et a Constantino usque ad Iustinianum prohibitum fuit, nisi perageretur propter causas a lege agnitas. Hinc auctor exsurgit ad ostendendas radices indissolubilitatis, qua matrimonium romanum de se pollebat. Nam institutum matrimoniale in Iure Romano non fuit mera res facti, sc., communis vitae consuetudo orta et conservata per consensum in singulis momentis noviter instauratus, sed implicabat vinculum ex pacto

[1] *A.A.S.* 64 (1972) 23-24.

ortum. Inde arguit divortium non haberi per omissam consensus iterationem, sed per actum consensui contrarium, quo et pactum et vinculum ex ipso ortum destruuntur. Si tamen pacto accesserit lex, eius vim roborans, vinculum evadit indissolubile, et quidem indissolubilitate restricta (ita in matrimonio romano) aut absoluta (sic deinde in matrimonio christiano) prout legis indoles fuerit. Indissolubilitas igitur, non ex solo pacto, sed ex pacto et ex lege simul oritur.

Il.mus et Rev.mus D. Salvator Garofalo ostendit indissolubilitatem matrimonii esse normam a Christo certo statutam necnon notam typicam connubii christiani. Tunc transit ad clausulam contentam in Mt 5, 32 et 19, 9, in qua exponenda praemittit claras rationes, propter quas excludenda est quaevis contradictio inter ipsam et normam seu principium prius expositum; dein magna eruditione et vi synthetica percurrit diversas solutiones datas ab auctoribus sive classicis sive recentibus ut genuinum sensum clausulae illustrent.

P. Adnés, S. I., in exponenda doctrina Patrum circa vinculum matrimonii valde attentus est ad omnia scripta quae super hoc argumento his ultimis annis edita sunt. Magna obiectivitate agnoscit inde saltem a saeculo IV inveniri posse tum quaedam dubia theorica — siquidem doctrina nondum erat plene elaborata —, tum aliquam divortii praxim apud quosdam christianos. Sed merito adiungit illa dubia minus valere pro theologo quam perspicua Patrum asserta in favorem indissolubilitatis matrimonii; et nequaquam ostendi posse praxim illam restrictam positive fuisse a Patribus approbatam, si unum alterumve excipias. Nec obstat — pergit ipse — aliquos auctores hodie contrarium asserere, nam ex una parte nituntur textibus ambiguis aut parum claris, et ex alia saepe abutuntur argumento silentii, cuius fragilitas nota est.

Doctrina Ecclesiae circa vinculum matrimonii inde ab absoluto aevo patristico usque ad nostros dies compendiose proponitur ab U. Navarrete, S. I. Orditur persequens efformationem conceptuum vinculi, sacramentalitatis et consummationis matrimonii, ex quibus notio indissolubilitatis matrimonii rati et consummati coalescit. Tunc perpendit asserta Doctorum et exponit Ecclesiae magisterium cum speciali attentione ad canonem 7 Sessionis 24 Concilii Tridentini et ad doctrinam recentiorum Pontificum. Tandem obiectionibus, quae hodie contra indissolubilitatem matrimonii rati et consummati moventur, claras praebet solutiones.

En breviter argumentum dissertationum. In eis, — iuxta Romani Pontificis indicationem — penitius inquiritur in naturam connubialis vinculi. Ideo non dubitamus quominus praesens opus utilitati sit viris scientiae ecclesiasticae studiosis, praesertim vero canonistis qui Romam conveniunt ad alterum Cursum renovationis canonicae pro Iudicibus frequentandum.

Romae 19 octobris 1972.

Ioannes Beyer, S. I.
Decanus Facultatis I. C.

I

DE VINCULO MATRIMONII APUD ROMANOS

Intendimus in his duabus lectionibus nobis concessis circa vinculum matrimoniale apud Romanos introductionem praemittere lectionibus, quae illico subsequentur circa eandem materiam in iure Ecclesiae. Et quidem censemus istam introductionem praemittere eo vel magis expedire, quod saepe auctores moderni, de firmitate vel minus matrimonii agentes, hinc de divortio eiusque sensu, recursum ad ius romanum statuunt, inclusis sive fontibus sive praxi eiusdem. Ceterum, notatum volo me dicturum de puro iure romano seu de vinculo matrimonii prout Romani in proprio iure, civili, illud intellexisse videntur.

Alia ex parte praemitto etiam mihi abstinendum esse, ut plurimum, ab adhibendo verbo « vinculum matrimoniale », cum id nimirum evincendum quaeratur: num Romani habuerint matrimonium ut *vinculum* inter coniuges, necne. Sic ergo, praebebimus in primis, brevi omnino synthesi, lineam historicam divortii, Romae; dein vero inducemus discursum supra eius naturam sive sensum; unde consequenter effluat ratio matrimonii-vinculi, vel minus, apud Romanos; porro, id pendebit a sensu quem divortio Romani tribuunt. Indeque, tandem, eruetur legitimitas, vel minus, ex parte modernorum recurrendi ad illos quoad propriam fundandam theoriam divortii in se.

I. Divortium Romae

A) *Ante Constantinum*

Quod divortium admissum fuerit Romae inde ab ipso initio civitatis non videtur dubium. Sane, praeterquam quod penes omnes antiquos populos circum mare mediterraneum habitantes illud vigeret [1], constat insuper plane ex traditione recepta et transmissa a pluribus veteribus scriptoribus, inter alios quidem, prout ex textu patet, initio, solum ex parte mariti [3].

PLUTARCH.: ἔθηκε δὲ καὶ νόμους τινάς (ὁ Ῥωμύλος, ὧν σφοδρὸς μέν ἐστιν ὁ γυναικὶ μὴ διδοὺς ἀπολείπειν ἄνδρα, γυναῖκα δὲ διδοὺς ἐκβάλλειν ἐπὶ φαρμακείᾳ τέχνων ἢ κλειδῶν ὑποβολῇ καὶ μοιχευθεῖσαν; εἰ δ' ἄλλως τις ἀποπέμψαιτο, τῆς οὐσίας αὐτοῦ τὸ μὲν τῆς γυναικὸς εἶναι, τὸ δὲ τῆς Δήμητρος ἱερὸν κελεύων (²);

Ut apparet, causae tunc pro legitimo divortio erant tres dumtaxat: veneficium prolis, substractio clavium, adulterium. Extra eas, divortium, quantumvis semper validum, erat, prout dictum est, illegitimum, indeque punitum, uti in textu indicatur.

Iam, cum esset ius: divortium, nempe legitimum certis ex causis, qualisne, vero, erat praxis? Plures sunt textus quibus asseritur primum divortium evenisse Romae circa a. 520 ab u. c. (= 234 a. Chr.). Licet quosdam recensere:

PLUTARCH.: οὕτω Ῥωμαῖοι πάντες ἴσασιν ὅτι Καρβίλιος Σπόριος ἀπεπεμψατο γυναῖκα πρῶτος ἀπαιδίαν αἰτιασάμενος (⁴);

---

1 De hac re cf. PICINELLI, *L'evoluzione storico-giuridica del divorzio in Roma da Romolo ad Augusto*, in *Archivio giuridico* (*A. G.*) 34 (1885) p. 426 ss.

2 *Romul.* 22, 3. Ed. Bell.-Lettr. (FLACELIÈRE-CHAMBRY-JUNEAUX I, 1957, p. 89. [Constituit (Romulus) quoque leges quasdam, inter quas illa dura est, quae uxori non permittit divertere a marito, at marito permittit uxorem repudiare propter veneficium circa prolem vel subiectionem clavium vel adulterium commissum; si vero aliter quis a se dimitteret uxorem, bonorum eius partem uxoris fieri, partem Cereri sacram esse iussit...].

3 Quoad rationem istius discriminis v. PICINELLI, o. c. p. 439; BRINI, *Matrimonio e divorzio.* II, Bologna 1888, p. 111 ss.

4 *Romul.* 35 (6), 4. Ed. Bell.-Lettr. cit., p. 105 [Ita cuncti norunt Romani Spurium Carvilium uxori nuntium primum remisisse sterilem causatum].

Id. οὕτω Ῥωμαῖοι μνημονεύουσιν ὅτι πρῶτος μὲν ἀπεπέμψατο γυναῖκα Σπόριος Καρβίλιος (5);

Dionysius Halicarnass.

ὁμολογεῖται γὰρ ἐντὸς ἐτῶν εἴκοσι καὶ πεντακοσίων μηδεὶς ἐν Ῥώμῃ λυθῆναι γάμος· κατὰ δὲ τὴν ἑβδόμην ἐπὶ ταῖς τριάκοντα καὶ ἑκατὸν ὀλυμπιάσιν ὑπατευόντων Μάρκου Πομπωνίου καὶ Γαΐου Παπιρίου πρῶτος ἀπολῦσαι λέγεται τὴν ἑαυτοῦ γυναῖκα Σπόριος Καρουΐλιος, ἀνὴρ οὐκ ἀφανής, ἀναγκαζόμενος ὑπὸ τῶν τιμητῶν ὀμόσαι τέκνων ἕνεκα γυναικὶ συνοικεῖν (ἦν δ' αὐτῷ στεῖρα ἡ γυνή), ὃς ἐπὶ τῷ ἔργῳ τούτῳ καίτοι δι' ἀνάγκην γενομένῳ μισούμενος ὑπὸ τοῦ δήμου διετέλεσεν (6);

Valerius Maximus:

Repudium inter uxorem et virum a condita Urbe usque ad centesimum et quinquagesimum annum nullum intercessit. Primus autem Spurius Carvilius uxorem sterilitatis causa dimisit. Qui quantum tolerabili ratione motus videbatur, reprehensione tamen non caruit, quia ne cupiditatem quidem liberorum coniugali fidei praeponi debuisset [7];

Aulus Gellius:

Anno deinde post Romam conditam quingentesimo undevicesimo Spurius Carvilius Ruga primus Romae de amicorum sententia divortium cum

---

5 *Numa.* 25 (3), 13. Ed. cit. l. c., p. 219. [Sic Romani commemorant primum Spurium Carvilium cum uxore divortium fecisse].

6 *Ant. Rom.* 25, 7. Ed. Teubner I, (Jacoby), 1885, p. 189 s. [Hoc enim confessum est, intra DXX annos Romae nullum matrimonium dissolutum esse. Sed olympiade CXXXVII Marco Pomponio et Gaio Papirio consulibus, primus uxorem repudiasse fertur Spurius Carvilius, vir non obscurus, coactus a censoribus iurare se liberorum quaerendorum gratia uxorem duxisse: eius enim uxor erat sterilis. Qui tamen ob hoc factum, quamvis esset necessarium, in perpetuum exosus fuit populo].

7 *Fact. et dict. memor. libr. novem,* 2, 1, 4. Ed. Teubner, 1888, p. 58.

uxore fecit, quod sterila esset iurassetque apud censores uxorem se liberorum quaerendorum causa habere[8];

TERTULLIANUS:

Ubi est illa felicitas matrimoniorum, de moribus utique prosperata, qua per annos ferme sexcentos ab urbe condita nulla repudium domus scripsit at nunc... repudium iam et votum est, quasi matrimonii fructus[9].

De se sustineri posset divortium Carvilii Ruga fuisse Romae non absolute primum ab u. c., sed primum sine legitima causa — una ex illis tribus traditione in lege romulea enumeratis — peractum, cum *sterilitas*, ob quam Carvilius Ruga divortium effecit, inter legitimas causas non recenseretur[10]. Nihilominus verum est textus sonare modo adeo generali, ut haud sine ratione ab aliquibus affirmetur fuisse divortium Ruga revera absolute primum de quo Romae notitia exstaret[11].

---

8 *Noct. Att.* 17, 21, 44. Ed. Teubner (HOSIUS) II, 1903, p. 229. Id. 4, 3, 2. ed. cit. I, 1903, p. 185: Servius quoque Sulpicius in libro quem composuit de dotibus (cfr. 1 H. p. 227 Br.), tum primum cautiones rei uxoriae necessarias esse visas scripsit, cum Spurius Carvilius, cui Ruga cognomentum fuit, vir nobilis, divortium cum uxore fecit, quia liberi ex ea corporis vitio non gignerentur, anno urbis conditae quingentesimo vicesimo tertio M. Atilio P. Valerio consulibus. Atque is Carvilius traditur uxorem, quam dimisit, egregie dilexisse carissimamque morum eius gratia habuisse, sed iurisiurandi religionem animo atque amori praevertisse, quod iurare a censoribus coactus erat uxorem se liberum quaerendum gratia habiturum.

9 *Apolog.* 6, 6. Ed. DEKKERS, in *Corpus Christian.* I: Tert. Opera 1 (1954), p. 97. Cf. et *De monogamia,* 9, 8. Ed. DEKKERS, in *Corpus Christian.* II: Tert. Opera 2 (1954), p. 1242: Adeo autem repudium a primordio non fuit ut apud Romanos post annum sexcentesimum Urbis conditae id genus duritiae commissum denotetur.

10 De notitia divortii L. Annii vide RASI, *Consensus facit nuptias.* Milano 1946, p. 153; ROBLEDA, *El matrimonio en derecho romano.* Roma 1970, p. 158.

11 RASI, o. c., p. 152; qui ita scribit: «Tutti gli storici concordi, sicuri e precisi affermano che quello fu il primo divorzio,

Quidquid vero sit, ante tempus, de quo citati textus loquuntur, divortium legitimum, ob aliquam, nempe, ex illis tribus causis memoratis rarissimum esse debuit, ad lucem nimirum textuum supra recensitorum.

Vere aliter res se habuit dein. Post illud, enim, tempus, maxime, saltem, a saec. II a. C. — tunc quidem etiam ex parte mulieris — frequentia divortiorum crevit semper magis [12]; ita ut Seneca jr. scriberet medio saec. I p. C. illa notissima verba: « Numquid iam ulla repudio erubescit, postquam illustres quaedam ac nobiles feminae non consulum numero sed maritorum annos suos computant et exeunt matrimonii causa, nubunt repudii »? [13].

Sic res se habuit per totum tempus classicum, usque ad Constantinum. Divortium fiebat, ad libitum divortiantis quacumque de causa, non quidem iuridica — quae ulla necessaria non erat — sed morali, ne bona fama socialis laederetur ob arbitraria omnino divortia [14]. En aliquos textus qui istiusmodi libertatem divortii signant:

---

senza distinguere; non si parla di *sine causa* o di causa leggera. Non capisco perchè noi a distanza di due millenni dovremmo insistere a mettere in dubbio le loro affermazioni, solo perchè il fatto non si concilia con la teoria moderna dell'*affectio* ».

12 Vide Costa, *Il diritto privato nelle commedie di Plauto*. Torino 1890, p. 177 ss.; Schupfer, *La famiglia secondo il diritto romano*. Padova 1876, p. 167 s.

13 *De benef.* 3, 16, 2. Cf. Martialis, *Epigr.* 6, 7; *Laudatio Turiae, in FIRA*, III, p. 212.

14 Cf. Cic., *Top.* 4, 19; *Ad fam.* 8, 7; Ulp. 6, 8; *Fr. Vat.* 121. Immo hae causae mere sociales sive morales adeo leves sufficiebant, et adeo a divortiante libere aestimabantur, ut nullum revera constituerent obstaculum divortiare volenti. Notum quidem est factum quod de Aemilio Paulo Plutarchus (5, 3) refert: is enim uxorem suam, Papiriam, sine manifestatione causae repudiavit. Cum vero amici sui ipsum obiurgarent, quod nulla causa denuntiaretur divortii, cum uxor eius pudica, formosa foecundaque esset — ei nimirum dederat filios: magnum Scipionem Africanum et Fabium Maximum quinquies consulem —, calceum quo eius pes vestitus erat, protendens, dixit: forsitan calceus hic recte effectus, novus non demonstratur? 'Αλλ' οὐκ ἂν εἰδείη τις ὑμῶν καθ'ὅτι θλίβεται μέρος οὑμὸς πούς [sed tamen nemo vestrum novit qua parte seu quo loco pedem meum urgeat]. De cetero, pro

Libera matrimonia esse antiquitus placuit. Ideoque pacta ne liceret divertere, non valeret et stipulationes quibus poene inrogarentur ei qui divortium fecisset, ratas non haberi constat. (C. 8, 38, 2: Imp. Alex. [a. 223])

... inhonestum visum est vinculo poenae matrimonia obstringi (D. 45, 1, 134 pr.: Paul.)

Unde intelligis liberam facultatem contrahendi atque distrahendi matrimonii transferri ad necessitatem non oportere (C. 5, 4, 14: Impp. Diocl. et Max.)

Unus dumtaxat casus exstabat in quo restrictio esse videri posset libertatis divortiandi, scilicet, casus libertae quoad divortiandum a suo patrono; sic enim fontes: *Liberta eademque uxor tua, si a te invito discessit, conubium cum alio non habet, si modo uxorem eam habere velis* (C. 5, 5, 1: Imp. Alex).

Dixi tamen: *esse videri posset restrictio*, quia dubitatur num revera impossibilitas divortii a marito haberetur in casu, an sola potius impossibilitas contrahendi cum alio, post factum divortium [15].

De forma divortii in hac periodo. Porro, Ad formam quod attinet per periodum de qua agimus, ante Augustum valent verba Gaii:

In repudiis autem, id est renuntiatione comprobata sunt haec verba: 'tuas res tibi habeto', item haec: 'tuas res tibi agito' [16]; nisi quod circa quaestionem: num ad

---

praxi divortii levibus de causis cf. et SUETONIUM, *Caes.*, 1; *Aug.*, 62-63; DIO CASSIUS, *Hist. rom.*, 48, 5, 34, etc.

15 Securum videtur solum hoc postremum ob D. 24, 2, 11 pr. et 1: Ulp.; 38, 11 un. 1: Ulp. Cf. *Divortium. Ius romanum et theoria generalis,* in *Periodica,* 68 (1969) 386; *El matrimonio en derecho romano,* cit. p. 135; 283, nt. 5. Ceterum, verum est patronum nequivisse cogere libertam ad matrimonium secum ineundum: D. 23, 2, 28: Marc., cum quo ligandum non videtur D. 23, 2, 29: Ulp.

16 D. 24, 2, 2, 1. Expedit verba parallela pro dissolutione sponsalium prae oculis ponere, cum conferat ad problema de quo infra tractandum est circa naturam divortii, ut videbitur. « In sponsalibus quoque discutiendis placuit renuntiationem intervenire oportere: in qua re haec verba probata sunt: conditione tua non utor ».

validitatem divortii forma sub illis verbis contenta, necessaria foret, respondendum videtur negative, prout deducitur ex noto textu Ciceronis:

> Quid quod usu memoria patrum venit, ut paterfamilias, qui ex Hispania Romam venisset, cum uxorem praegnantem in provincia reliquisset, Romaeque alteram duxisset neque nuntium priori remisisset mortuusque esset intestato et ex utraque filius natus esset: mediocrisne res in controversiam adducta est? Cum quaereretur de duobus civium capitibus et de puero, qui ex posteriore natus erat, et de eius matre; quae si iudicaretur certis quibusdam verbis, non novis nuptiis fieri cum superiore divortium, in concubinae locum duceretur [17].

Profecto, ex tali textu patet dubium haberi tempore Ciceronis circa necessitatem vel minus alicuius certae formulae verbalis pro validitate divortii [18].

Attente dixi: de re haberi; bene, enim, ex tenore textus eruitur nullo modo esse certum non requiri formulam verbalem transmissam a divortiante ad compartem. Merito, enim, ait Cicero: *mediocrisne res in controversiam adducta est.* Equidem, nec Cicero solvit quaestionem eo sensu quod sufficerent novae nuptiae pro divortio a primo matrimonio, nec ullus alius scriptor sui temporis tale quid sustinuit vel de eo notitiam transmisit; immo, continuo pergit sermo fieri de remissione repudii [19].

Quidne ab initio Imperii?

Profecto refert nobis Suetonius quod Augustus *divortiis modum imposuit* [20]; qui quidem modus ille est de quo Ulpianus scribit:

---

17 Cf. CIC., *o. c.*, 1, 56, 238.

18 De sensu quo novum matrimonium sufficeret pro divortio a primo in casu redibit quaestio infra.

19 Cf. CIC., *Top.* 4, 19 s.; *Fr. Vat.* 121.

20 SUETON., *Augustus*, 34.

> Item *Iulia de adulteriis*, nisi certo modo divortium factum sit, pro infecto habet[21];

consistitque in praesentia 7 testium civium romanorum puberum, et transmissione voluntatis sic manifestatae alteri parti ope liberti divortiantis, prout Paulus indicat[22].

Etiam hic, immo, hic potissimum quaestio proponitur de necessitate vel minus pro validitate divortii istius formae augusteae.

Sensus immediatus obvior textuum favet necessitati formae ad validitatem; dicitur enim, prout in illis videmus, divortium sine ea forma *pro infecto haberi* (D. 38, 11, 1, 1); *donationes post tale divortium nullius momenti esse* (D. 24, 1, 35); *cum non videatur solutum matrimonium* (ib.); *divortium ratum non esse* (D. 24, 2, 9). Nihilominus id certum non est; immo, communius sustinetur tenorem illum generalem obvium pro necessitate ad valorem redolere interpolationem postclassicam[23].

---

21 D. 34, 11, 1, 1. Suetonius indicat *modum* istum inductum fuisse ope legis Iulia *de maritandis ordinibus*, potius quam *Iulia de adulteriis*, ut refert Ulpianus. Ceterum, ambae pertinent ad a. 18 a. C.

22 « Nullum divortium ratum est nisi septem civibus romanis puberibus adhibitis praeter libertum eius qui divortium faciet » (D. 24, 2, 9: Paul.). Ad eandem formam refertur Ulpianus in D. 24, 1, 35: « Si non secundum legitimam observationem divortium factum sit, donationes post tale divortium factae nullius momenti sunt, cum non videatur solutum matrimonium »; et Gaius, in D. 48, 5, 44: « Si ex lege repudium missum non sit... « Perperam, sane, YARON (*De divortio varia*, in *Tj.* 32 [1964] 555 ss.) sustinet legem, de qua Gaius scribit, esse codicem XII Tab. Absonum omnino videtur, exstante lege Augusti, Gaio proximiori, quam Codex decemviralis, Gaium, nominantem legem sine addito, se retulisse ad istum Codicem.

23 Pro recensione diversarum opinionum in casu cf. *Divortium. Ius romanum et theoria generalis*, cit. p. 383 nt. 76 (= *Coniectanea de matrimonio*. Roma 1970, p. 697) *El matrimonio en derecho romano*, cit. p. 262 nt. 59.

B) *Inde a Constantino*

Constantinus ipse.

Nimirum, ius novum induci incipit circa divortium ab Imperatore Constantino a. 331; quod, de reliquo, diversas passum est variationes per totam hanc periodum postclassicam ab illo Imperatore usque ad mortem Iustiniani Augusti.

Profecto, Imp. Constantinus, relicto libero divortio communi consensu, constitutione quadam memorati anni, 331 [24], prohibuit divortium unilaterale ex parte sive mariti sive uxoris, nisi certis de causis peractum; quae tres dumtaxat fuerunt pro utraque parte. Vir nequivit dimittere uxorem, nisi haec esset moecha (adultera), venefica [25] aut conciliatrix (lena); similiter, mulieri non licuit divertere a marito, nisi hic homicida, medicamentarius, violator sepulchrorum foret. *Sola haec crimina,* ait expresse Imperator; hinc, subiungit expresse, mulieri non licet a marito discedere, si hic ebriosus, aleatorius, aut muliercularius sit, maritoque, a muliere, *per quascumque occasiones,* quantumcumque hae graves omnino offensiones adversus eam constituerent. Extra illas, ergo, causas, divortium utique erat validum, sed iuridice illicitum, inde, diversis punitum poenis [26]

Iam, nota heic bene sequentia.

a) Prout nunc dictum est, divortium non effectum aliqua ex illis tribus legalibus causis est validum, etsi illicitum. Same poenae inflictae mulieri ob discessum a marito sine causa legitima, deportationis, nempe, in insulam, et viro, aliam non ducendi uxorem [27], secumferre viderentur etiam invaliditatem divortii. Nihilominus, vere ita non est.

In primis, verum est parti culpabili impediri (in poenam) novum matrimonium: mulieri, quidem, quate-

---

24 CTh. 3, 16, 1.

25 *Interpretatio Visigothica* adhibet verbum « malefica » loco « venefica » (ib.).

26 CTh. ib. Enumerantur heic poenae pro utraque hypothesi.

27 CTh. ib.

nus deportatur in insulam [28], viro, autem, quia dicitur expresse; at negatio conubii quoad iterum contrahendum non secumfert eo ipso prius matrimonium non fuisse solutum. Comprobatur hoc eo quod pars innocens poterat absque dubio — licet in textibus non dicatur — a momento divortii peracti (illicite) a comparte, novas inire nuptias; sequitur enim hoc, a contrario, ex poena imposita parti culpabili non contrahendi iterum.

Praeterea, possibilitas ulterioris matrimonii etiam ex parte ipsius divortiantis sine legitima causa, ex textibus eruitur. Equidem si agitur de muliere, poena deportationis implicat certe impossibilitatem novi matrimonii; at solum de facto; si, de marito, culpabiliter pariter divortiante, poena certe, ei imponitur non contrahendi novum matrimonium; at quid, si poenam non observaret, seu si contraheret? Validitas talis matrimonii deduci videtur ex tenore textuum. Porro, dicitur in textibus, quod si id fecerit, priori coniugi facultas dabatur domum invadendi mariti et dotem posterioris uxoris substrahendi ob iniuriam ei factam [29]. Nota, sane, quod sermo ibi fit, non de concubina, sed de posteriore uxore. Immo, bene etiam notandum, iniuriam in omni casu non esse factam parti innocenti novo matrimonio partis culpabilis, sed divortio sine causa legitima effecto; mera enim inobservantia poenae iniuria infertur, non parti innocenti, sed legi [30].

b) Notandum insuper duriorem esse legem in casu erga mulierem quam erga virum. Equidem, quod causas

---

28 Hoc iam tempore deportatio sive exilium dissolutionem matrimonii non secumferebat. Cf. C. 5, 16, 24, 1: Constantin. (a. 321); Nov. 22, 13. De hac re, SCHIAVONI, *Matrimonio e «deportatio»*, in *Atti dell'Acc. di scienze mor. e polit. della Soc. Naz. di sc. lett. ed arti in Napoli*, 78, 1967, 424 ss.; ROBLEDA, *El matrimonio*, cit., p. 246 ss. cum ulteriore bibl.

29 CTh. ib.

30 Pro validitate divortii in casu, cf. SARGENTI. *Il diritto privato nella legislazione di Costantino*. Milano 1938, p. 127; BIONDI, *Il diritto romano cristiano*. III, Milano 1953, p. 170; BONFANTE, *Corso di diritto romano. Diritto di famiglia*. Rist. Milano, 1963, p. 364. De possibilitate novi matrimonii ex parte divortiantis culpabiliter dubitat BIONDI, l. c., p. 172. Mihi, ex tenore textus, non videtur dubitandum, attentis supra dictis.

legitimas divortiandi, adulterium mariti causam legitimam mulieri non praebet divortiandi, e contra atque adulterium mulieris, marito. Quoad vero poenas, gravissimam omnium, deportationem nempe perpetuam in insulam, maritus, illegitime divortians, non patitur, e contra atque mulier.

c) Animadvertendum pariter est legem constantinianam inductam fuisse conformiter cum doctrina et iure Ecclesiae, indissolubilitatem matrimonii propugnantis, immo influxu talis doctrinae et iuris, ut communiter, de cetero, obvie sustinetur [31].

d) Nihilominus quoad hoc addendum. Verum est influxui Christianismi, hac nimirum lege Constantiniana, debitam fuisse repressionem divortii, sed bene, alia ex parte, notandum est, nequaquam tali legi perventum fuisse ad adaequationem cum iure et doctrina Ecclesiae, ut de reliquo plus quam evidenter patet.

In primis quidem, extra illas sex causas, non permittebatur divortium unilaterale; sed omnino ob illas. Vi autem iuris doctrinaeque Ecclesiae ne ob eas quidem causas divortium committere licebat.

---

31 Cf. inter alios, DUPONT, *Les constitutions de Constantin et le droit privé au debut du IV siècle.* Ed. Anast. L'Erma. Roma 1968, p. 112; SARGENTI, *o. c.*, p. 128; RICCOBONO, *Roma madre delle leggi.* Estr. da *BIDR.* 47-48, Milano 1953, p. 50; BASANOFF, *Les sources chrétiennes de la loi de Constantin sur le repudium (Cod. Theod. III, 16,1 a. 331) et le champ d'application de cette loi,* in *Studi in on. di Riccobono.* III, Palermo 1936, p. 179 ss.; VOGT, *Zur Frage des christlichen Einflusses auf die Gesetzgebung Konstantins des Grossen,* in *Festschrift für L. Wenger,* II, München 1945, p. 133 s.; BIONDI, o. c., p. 170 ss. Ceterum, habita prae oculis similitudine const. Constantini cum lege romulea, quae supra considerata fuit, scribit DUPONT (l. c.): « Tout ceci (refertur ad eam similitudinem) permet de se domander si la disposition de Constantin n'a pas été simplement une reminiscence et une imitation de la loi de Romulus. Sous l'influence de la nouvelle religion qu'il avait reconnue, le premier Empereur chrétien n'aurait fait peut-être que recueillir un vestige du passé ». Istam hypothesim cl.mae Dupont tenent BIONDI (o. c., p. 173 nt. 1) et VOLTERRA (*Lezioni di diritto romano. Il matrimonio romano.* Litt. Roma 1961, p. 289) ut orbatam omni fundamento.

Insuper, ut supra dictum manet, divortium factum etiam sine ulla ex legitimis causis erat utique poenae obnoxium, sed non invalidum, attento iure constantiniano. Ex quo agnosci valet etiam distantia semper maior a doctrina Ecclesiae.

Tandem, et maxime, remansit adhuc iuridice liberum divortium « communi consensu » cum limitatio constantiniana referretur, ex sensu textus communiter intellecti, ad divortium dumtaxat unilaterale[32]; doctrina vero

---

[32] Cf. Levy, *Der Hergang der römischen Ehescheidung.* Weimar 1925, p. 55 ss.; Vogt, o. c., p. 134; Basanoff, o. c., p. 193; Dupont, o. c., p. 111; Sargenti, o. c., p. 128 nt. 2; quoad plures alios cf. recens nostrum studium: *De matrimonio responsiones*, in *Periodica*, 61 (1972) 452 ss., ubi satis ample quaestionem istam tractamus. Thesim contrariam, praeter Yaron cuius argumentis in citato scripto, *Responsiones...*, vim abstrahere voluimus, acriter sustinet Rasi, in opere: *Consensus facit nuptias*, cit. p. 175 ss. Utique, non caret valore istius auctoris sequens argumentatio: Se l'Imperatore infatti autorizza la donna a risposare dopo un anno, vuol dire che prima per costituzione di Teodosio, la donna nelle stesse condizioni, doveva aspettare cinque anni, alla par di quella *mulier* che, *contempta lege, repudium mittendum temptaverat* » (p. 175). Sine ullo dubio, relatio facta ad quinquennium, quod requirebatur vi constitutionis Theodosii et Valentiniani a. 449, in poenam mulieris sine causa legitima divortiantis, videtur probare tunc, seu apud hos Imperatores, omne divortium, etiam « communi consensu » egere causa legitima ad eius liceitatem. His, tamen non obstantibus, praevalet probatio in contrarium, vi reliquorum textuum, pro libertate divortii « communi consensu » laborans, etiam ante Anastasium. Profecto, Imp. Anastasius sua const. a. 497 nequaquam intendit permittere divortium « communi consensu » sine causa — non agit de hoc — sed signare potius expresse tempus intra quod mulier divortiata novum aliud matrimonium inire poterat, scilicet: non iam post quinquennium dumtaxat, sed post solum annum a divortio peracto a praecedente marito. Revera, eo quod dicatur in textu Anastasii: « licebit mulieri non quinquennium expectare, sed post annum ad secundas nuptias convolare », non sequitur necessario antea exigi pro divortio « communi consensu », sine causa peracto, in poenam lapsum 5 annorum. Nota enim, a. 421 praescriptum fuisse mulieri, legitime (unilateraliter) divortianti, quinquennium pro novo matrimonio contrahendo. Id, ut videtur, viguit usque ad a. 449, cum Theodosius et Valentinianus mulieri legitime (unilateraliter) divortianti permiserunt et praescripserunt post solum annum eam inire posse ulteriores nuptias. Iam, Imp. Anastasius nunc mulieri divortianti de « communi consensu » cum

Ecclesiae non agnoscebat, nec agnoscit, limitem ullum. Divortium est iuxta doctrinam Ecclesiae in omni hypothesi illicitum et invalidum [33].

Iulianus apostata

Post consideratum primum gressum historiae divortii in periodo hac postclassica, vi nempe const. Constantini a. 331, accedimus ad ulteriores.

Enimvero, norma constantiniana abrogata fuit a Iuliano Apostata const. quadam a. 363 [34]. Hoc expresse asseritur ab aliquo ignoto auctore [35] scribente opus: *Quaestiones ex utroque* (*testamento*) *mixtim*, quaest. 115; sic ibi legimus: Ante Iuliani edictum (prout patet, inde a Constantino) mulieres viros suos dimittere nequibant. Accepta autem potestate, coeperunt facere quod prius facere non poterant; coeperunt enim quotidie viros suos licenter dimittere [36].

---

marito, permittit quod post solum annum etiam ipsa novas nuptias contrahat. Cf. BONFANTE, o. c., p. 353. Ceterum, si solus hic textus Anastasii praesto nobis esset, ratio, saltem apparens, haberi absque dubio posset pro permissione nunc primum liberi divortii «communi consensu»; ad lucem vero aliorum, tam praecedentium: aa. 331, 421, 449, 452, quam subsequentium (ut plurimum, Iustiniani), prout alibi probavimus (*Periodica*, l. c.) ius sensu a RASI propugnato non sustinetur. Tandem, enim aliquando, quaeri a RASI, YARON etc. poterit, cur vir in casu non eximatur a poenis, si pro eo sint? Sane, vir potest contrahere statim; mulier vero, non, ante annum. Cf. Nov. 22, 16.

33 Cf. de hac re BIONDI, o. c., p. 173: SARGENTI, o. c., p. 129 cum nt. 2.

34 CTh. 3, 13, 2. Certe heic sola implicita supra dicta abrogatio continetur, verum indubia, nam facto divortio, quacumque ex causa, retentio, nihilominus, dotis habetur, ut ante Constantinum ius erat, cum poena redditionis illius nondum exstabat. Cf. GOTHOFREDUS, *Codex Theod. cum perpetuis comm.* Ad illum locum: ed. Lugduni 1665, p. 303 col. prima.

35 Ambrosiaster? vel auctores diversi? Cf. P. GLORIEUX, *Pour revaloriser Migne*, p. 23. Igitur, non, certe, S.tus Augustinus.

36 P.L. (S. Augustini 3, 2) 35, 2348-2349.

Impp. Honor. Theod. et Constantius II.

Veluti parenthesim aliquam iulianum ius constituit; nam limitationes constantinianae, etsi mitiore quodam modo, instauratae fuerunt a. 421 ab Impp. Honorio, Theodosio et Constantio II[37].

Ius inductum ab istis Imperatoribus fuit sic. Divortium prohibitum est iterum, nisi ob *graves* causas fieret; comminatis quidem poenis, si ob leves aut nullas, (gravioris quidem in hoc ultimo casu), quis divortiaret, Qualesne graves? Hoc non significatur in textu constitutionis. Non videntur certe illae solae tres fuisse (ex parte sive mariti sive uxoris) a Constantino determinatae[38]. Ut plurimum videntur fuisse graves, praeter tres illas a Constantino determinatas, etiam illae aliae tres potiores in constitutione constantiniana enumeratae, declaratae ibi ut non sufficientes tunc pro divortio ex parte mulieris, si maritus aleatorius, ebriosus, muliercularius esset[39]. Circa alias adhuc possibiles videtur iudici relicta fuisse aestimatio.

Quod attinet ad poenas in divortiantem sine aliqua gravi causa sic res se habebat. Maritus qui ob causam aliquam certe, sed levem, repudium uxori mitteret, amittebat dotem acceptam, et nequibat ante duos annos novas inire nuptias; sin vero, absque ulla causa divortiaret, amittebat praeter dotem etiam donationem nuptialem, nequibatque in perpetuum alias contrahere nuptias. Mulier autem, ob leves similiter divertens causas (v. g. ob morum vitia aut mediocres mariti culpas) gravius quam maritus in ambabus hypothesibus puniebatur; porro, amittebat dotem atque donationem nuptialem a marito acceptam, insuperque impedita erat quominus contraheret novum matrimonium; sin vero, sine ulla causa, firmis illis poenis, deportationem seu exilium insuper patiebatur sine possibili postliminio.

---

37 CTh. 3, 16, 2.
38 CTh. 3, 16, 1 initio.
39 Cf. BONFANTE, o. c., p. 351. Aliter BIONDI, o. c., p. 174.
40 CTh. 3, 16, 2.

Iam nota etiam circa istud ius seu circa istum gressum historicum postconstantinianum sequentia.

a) Divortium etiam sine ulla causa peractum, pergit nunc, sicut antea, validum esse, ut patet ex eo quod peracto divortio pars innocens posset contrahere novas nuptias: si vir, statim; si mulier, post annum. Solum parti culpabili in poenam id prohibebatur, iuxta supra dicta.

b) Verum est, praeterea, restitutam hanc disciplinam contra divortium mitiorem fuisse constantiniana, maxime quatenus causae legitimae divortiandi plures nunc admitterentur. In aliquo tamen rigidior fuit, nimirum contra uxorem, quatenus si ipsa divortiaret ob legitimas causas, nequiret nihilominus ulterius matrimonium inire ante quinquennium: « tunc enim videbitur, dicit constitutio, sui magis viri id exsecratione quam alieni adpetitione fecisse » [40]. Non sic erat iure constantiniano. Mulier legitimis de causis tunc divortians exspectare quinquennium non cogebatur ut novum posset contrahere matrimonium; immo, nec annum, cum annus luctus nondum videretur tunc exténsus ad casum divortii [41].

Ius inductum a. 439

Brevis sit etiam sermo de isto momento historico, ut linea postclassica praebeatur completa.

Disputatur num isto anno locum habuisset iterum regressus ad libertatem divortii propriam temporis classici. Procul dubio ansam parti affirmativae praebet tenor textus Nov. Theod. XII, quae sic sonat:

> Ideo constitutionibus abrogatis, quae nunc maritum, nunc mulierem matrimonio soluto praecipiunt poenis gravissimis coerceri, hac constitutione repudii culpas culparumque coercitiones ad veteres leges responsave prudentium revocare censemus, Florenti p(arens) k(larissime) a(tque) a(mantissime).

---

41 Cf. C. 5, 17, 8 4b: Impp. Theod. et Valent. (a. 449); C. 5, 17, 9: Imp. Anast. (a. 497). Vide Bonfante, o. c., p. 269.

Profecto, verba « responsa prudentium » videntur implicare quod disciplina, quae constitutione inducitur, reversa fuerit ad praefatum antiquum classicum ius. Alia ex parte verum est etiam quod contra hoc stant verba eiusdem textus: « revocatio culparum et harum coercitiones ad veteres leges », eo nimirum quod tempore classico leges coercentes divortium aut culpas divortii fuissent nullae. Hac ratione nixus, opinatur Biondi [42] gravissimas poenas, quae hic constitutione abrogantur, inductas fuisse quadam alia constitutione ante hanc Theod. XII emanata; *veteres quidem leges* ad quas revocatio fit, intelligendas esse, ait Biondi, constantinianas a. 331 et Hon., Theod. et Constantii, a. 421; quae quidem omnes videntur moderatae.

Res, pro nunc, manet vere dubia.

Impp. Theod. II et Valent. III.

Constitutio vero magni ponderis quod nostram attinet materiam, datur a. 449 ab Impp. Theod. II, et Valentiniano III [43].

Ante omnia, tunc primum indicitur Romae forma aliqua necessaria ad validitatem pro divortio; ita sane textus:

> Consensu licita matrimonia posse contrahi, contracta nonnisi misso repudio solvi praecipimus [44].

Quae quidem forma, ut videtur, haud amplius fuit illa augustea, consistens in praesentia 7 testium et liberto repudiantis pro nuntii communicatione, sed missio simplicis libelli (Schriftbriefe, iuxta Levy), prout usus erat in Orientali Imperio [45].

Iuvat notare quod sub hac ratione aliquatenus rigidior utique devenit sic disciplina contra divortium; sed alia ex parte, efficitur mitior, attenta, ea quae ad causas

---

[42] O. c., p. 481.
[43] C. 5, 17, 8.
[44] C. 5, 17, 8 pr.
[45] Cf. *Divortium. Ius romanum*, in *Periodica*, cit. p. 389.

permissivas divortii spectat, et ad poenas contra illegitime divortiantes.

Profecto, causae admissae numerantur utique, taxative, sed *plurimae,* pro divortio sive mariti sive uxoris. Et quidem animadverte nunc primum haberi ut causam iustam pro divortio ex parte mulieris adulterium viri [46].

Quoad vero poenas, amissio dotis et donationis nuptialis sequitur utique adhuc ex divortio iniusto ex parte tam mulieris quam viri; sed coelibatus perpetuus nulla iam in hypothesi inducitur qua poena contra virum aut mulierem. Porro, vir, quantumcumque culpabilis, potest illico novum inire matrimonium, mulier autem, post quinquennium [47].

Postrema reordinatio rei apud Iustinianum

Demum ultima reordinatio hac in re effecta est a Iustiniano Augusto.

Ante a. 542 disciplinam vigentem ut plurimum retinuit, nisi quod numerum causarum legitimarum pro divortio auxerit, facilius hoc, inde, aliquo modo reddens [48].

---

[46] C. 5, 17, 8, 2-4: « Si qua igitur maritum suum adulterum aut homicidam ... invenerit ... tunc repudii auxilio uti necessariam ei permittimus libertatem et causas discidii legibus comprobare ... Vir quoque ... nec ullo modo expellat nisi adulteram, nisi veneficam ... ».

[47] C. 5, 17, 8, 4: « ... nam mulier si contempta lege repudium mittendum esse temptaverit suam dotem et ante nuptias donationem amittat nec intra quinquennium nubendi habeat denuo potestatem: aequum est enim eam interim carere conubio quo se monstravit indignam ».

Ceterum iuvat notare alia ex parte nunc praecise abrogari normam illam Hon.-Const.-Theodosianam a. 421, qua praescriptum fuerat quinquennium exspectandum mulieri legitime divortianti; dicitur enim nunc a Theodosio II et Valentiniano III: Si vero mulier divortians causam probaverit intentatam, tunc eam et dotem recuperare et ante nuptias donationes lucro habere aut legibus vindicare censemus et nubendi post annum ei, ne quis de prole dubitet, permittimus facultatem. Nimirum, tunc primum annus luctus extenditur ad casum divortii.

[48] Cf. C. 5, 17, 10: a. 528; 5, 17. 11, 2: a. 533; Nov. 22, 15, 16: a. 535.

Anno vero 542 profundam induxit renovationem iuris hac in re.

Porro, quoad causas, eas valde reduxit numero, ad sex nempe ex parte viri et quinque ex parte mulieris; et quidem sensu omnino taxativo: *Quia vero plurimas, ait, in veteribus et nostris invenimus causas ex quibus facile nuptiarum solutiones fiunt, ea causa perspeximus et his abscidere aliquas, quae nobis indignae ad solvendas nuptias visae sunt, et eas solum nominatim praesenti inserere legi, pro quibus rationabiliter potest sive vir sive mulier repudium mittere*[49]. Redit, quapropter, ad rigorem antetheodosianum, etsi, non ad constantinianum.

Quoad poenas, tam in coniugem qui extra causas legitimas repudium miserit, quam in illum qui culpabiliter iustam causam repudii alteri praebuerit, fuerunt ipsae etiam ex novo taxative determinatae; omnes, ut plurimum characteris patrimonialis, excepta immissione mulieris, iniuste divortiantis, in monasterium, immo paulo post, etiam viri, cum vi duarum subsequentium novellarum poenae in virum et mulierem aequales omnino affectae sint[50].

---

49 Nov. 117, 8 et 12. Iuvat nunc etiam, seu iterum, quaestionem excitare an causae iustae necessariae fuerint in iustiniano iure ad validitatem divortii necne. Et quidem, quamvis textus sub hoc respectu perspicuus non sit, eorum tenor favet potius negativae parti: nimirum, comparatis verbis «posse solvere» Nov. 117, 12 (circa finem) cum cc. 8 et 9 eiusdem Nov., ubi insistenter sermo fit de causis ob quas rationabiliter repudium mittere licet. Etiam in Nov. 134, 11 matrimonium denuntiatur obvie ut ruptum, quamvis divortium fuisset illegitimum; exstare videntur solum poenae. Contra necessitatem ad valorem sonant etiam sequentia verba Nov. 22, 3: «Nuptias itaque affectus alternus facit dotalium non egens augmento. Cum enim semel convenerit seu puro nuptiali affectu, sive etiam oblatione dotis et propter nuptias donationis, oportet causam omnino sequi etiam solutionem aut innoxiam aut cum poena». Tandem, in Nov. 22, 4 enumerantur simul quatuor hypotheses divortii: sine rationabili causa, bona gratia, communi consensu et ex iusta sive legitima causa. Iam, si in tribus postremis matrimonium solvitur, etiam in primo, ut plane videtur. Cf. BONFANTE, o. c., p. 361.

50 Nov. 127, 4: 548: «... sancimus nullam esse differentiam quantum ad poenas inter virum et mulierem hoc praesumentes,

Insuper novum quid in reorganizatione instituti divortii induxit Iustinianus introductione figurae divortii « per occasionem rationalem », seu ut ipse, specifica nunc ratione, dixit « bona gratia », i. e., ob causas inculpabiles utraque ex parte; tales: a), ingressus alterius partis in claustrum; b) impotentia mariti per triennium ab initis nuptiis — causa habetur heic in favorem tantum mulieris; nihil enim dicitur de hypothesi contraria, seu impotentiae mulieris; c) captivitas alterius coniugis, post quinquennium ab incertitudine de eius superviventia; d) servitus superveniens alterius coniugis; e) tandem, in favorem iterum mulieris, absentia viri militiae causa, post decem annos incertitudinis voluntatis istius retinendi cum illa matrimonium. Sic vero ius fuit initio, seu vi Nov. 22, 4, quae viguit in hac parte usque ad a. 542; causae, enim, istius specificae figurae divortii, scilicet, « bona gratia », reductae fuerunt memorato anno ab eodem Imperatore, vi Nov. 117, ad tres dumtaxat: a) impotentia viri; b) ingressus alterius coniugis in monasterium; c) captivitas alterius coniugis.

Tandem, Iustinianus absolvit proprias innovationes circa divortium prohibitione eiusdem *communi consensu.*

Profecto, ut vidimus, divortium « communi consensu » fuerat ante Iustinianum semper permissum; nec ipse hoc ius tetigerat ante annum praefatum, 542; immo id confirmaverat nov. 22, 4: *Distrahuntur itaque in vita contrahentium matrimonia alia quidem consentiente utraque parte, pro quibus nihil hic dicendum est, pactis causa; sicut utrique placuerit, gubernantibus ...* [51]. Illo, vero, anno prolatum est omnino innovativus textus:

> Quia vero et ex consensu aliqui usque ad praesens alterna matrimonia solvebant, hoc de cetero fieri nullo sinimus modo, nisi forte quidem castitatis concupiscentia hoc fecerint [51].

---

sed iisdem poenis quae contra mulieres a nobis definitae sunt, si sine causa nostrae legi cognita matrimonia distrahunt, etiam viros subdi hoc praesumentes et similes esse poenas in viro et muliere. In delicto enim aequali proximas eis imminere poenas iustum putavimus esse ».

[51] Nov. 117, 10. Prohibitio repetitur in Nov. 134, 11: a. 556.

Fuit hic postremus gressus disciplinae romanae postclassicae, adversae divortio; etsi, de cetero, nec eo perventum fuerit ad doctrinam seu ius Ecclesiae, ut aperte patet; cum manserit in vigore matrimonium « bona gratia », ob tres causas, et divortium ob culpam alterius partis, quintuplicem quidem, in favorem mulieris, et sextuplicem, in favorem mariti. De reliquo, Ecclesia non admittebat tunc nec admisit unquam, divortium « communi consensu » castitatis concupiscentia, sicut, e contra, Iustinianus concessit.

* * *

Ne omittamus dicere ultimum istum gressum disciplinae iustinianae adversae divortio, seu prohibitionem huiusce « communi consensu » retineri non potuisse post mortem Iustiniani [52].

II. De sensu divortii seu de ratione eius logica apud Romanos

Opinio frequens

Dicitur hodie a certis Romanistis, et horum auctoritate a pluribus aliis, divortium habitum fuisse Romae

---

52 Pathetice quidem describit Iustinus quo pacto anno sequente mortem eius patris Iustiniani, quasi coactus fuerit ad abrogandam prohibitionem divortii « communi consensu »: « Plurimi autem nos adierunt inter se coniugium horrentes et abominantes et proelia discordiasque propter hoc domi contingere accusantes (hoc quod valde doloriferum et triste consistit), dissolvere propter precantes conubia... Desideria vero et studium eorum pro hac re in aliquanto distulimus tempore, aliquando quidem monentes aliquando vero minantes quiescere eos ab inrationabili circa invicem horrore et ad unanimitatem properare et melioris fieri voluntatis. Agebamus vero plus nihil: quoniam (vero) difficile est inmutare semel detentos inrationabili passione et horrore. Haec igitur aliena nostris iudicantes temporibus in praesenti sacram constituimus legem, per quam sancimus licere ut antiquitus consensu coniugum solutiones nuptiarum fieri; non ultra vero optinere constitutas poenas in constitutione nostri patris adversus eos qui cum consensu coniugii faciunt solutionem ». Nov. 140, pr. et 1: a. 566.

ut aliquid omnino logicum: nimirum id sequi debuisse ex conceptione quam de matrimonio Romani habebant.

Porro, opinantur illi matrimonium constitisse apud Romanos in consensu perseverante sive continuo coniugum, immo, iuxta aliquos, in consensu et conviventia pariter continua; ita quidem ut matrimonium dispareret — nec posset non disparere — cessantibus illis elementis, aut alterutro. Non oriebatur, proinde dicunt, iuxta Romanos, matrimonium ab aliquo consensu initiali habente rationem pacti, vinculum aliquod, tanquam effectum formalem, inducentis, independens quoad exsistentiam ab illo ut ab eius causa; sed matrimonium intelligebatur fieri in omni momento in quo dicebatur exsistens. Ea de causa consensus initialis, seu primo momento emissus, non distinguebatur a consensu in momentis subsequentibus exsistentiae matrimonii; tam causativus intelligebatur consensus in primo momento matrimonii quam in sequentibus.

Hac conceptione matrimonii supposita ratio logica divortii omnino patet. Ex quo voluntas seu consensus haud amplius exstaret *positive* — oportet verbum «positive» notare — producens matrimonium, eo ipso hoc disparere logice debebat, et quidem etsi ex una sola parte id accideret, cum ad productionem matrimonii in exsistentiam requireretur consensus seu actus voluntatis ex parte duorum: viri et mulieris. Idemque dicas, si conviventia, matrimonium etiam in exsistentiam inducebatur in primo et in singulis subsequentibus momentis suae exsistentiae, pro illis qui hoc sustinent ea cessante. Cessante conviventia, disparitio, ut patet, matrimonii sequebatur logice. Iam, talis disparitio matrimonii erat proprie divortium. Non significabat aut secumferebat proinde iuxta hos auctores divortium Romae ruptionem alicuius vinculi ope actus contrarii illi primo qui tale vinculum induxisset, quia primus ille actus vinculum aliquod non induxit; sed resolvebatur in *to desinere esse* sive *creari* matrimonii, aut, quod idem est, in aliquo negativo. Ut repetam, divortio non rumpebatur matrimonium, sed simpliciter ipsum desinebat produci.

Sequitur ex his, a) actu quo mittebatur libellum repudii proprie non fieri divortium, sed declarari simpliciter divortium exstitisse; divortium enim, de se habebat locum cessatione consensus, non, actu contrario voluntatis; b) superveniente dementia amborum aut unius coniugis debuisse divortium sequi; etenim nequivit ex tunc matrimonium fieri seu positive induci ob defectum consensus ad hoc absolute necessarius; c) idemque accidere debuisse superveniente impedimento dirimente seu impediente matrimonium validum contrahere, ob parem rationem.

Crisis istius opinionis.

Quaeritur iam, num adeo valida sit ea explicatio divortii apud Romanos ut aliqua alia diversa admissibilis non sit attentis fontibus [53].

Ante omnia iuvat animadvertere supra dictam conceptionem matrimonii, unde divortium fluebat logicum apud Romanos, exstitisse dicitur a pluribus ex cl.mis romanistis modernis ante tempus postclassicum, i. e., ante Constantinum, non tamen postea, ob supervenientem influxum Christianismi, sustinentis matrimonii indissolubilitatem. Unde iam ergo tunc ratio divortii? Nonne non iam amplius fuit logicum divortium Romae?

Sine dubio, divortium etiam tempore postclassico exstitit, fuitque eius possibilitas logica, sed via diversa a superius descripta, quam, ut vidimus, plures ante tempus postclassicum Romanis tribuunt. Illa quidem in casu exprimitur a Iustino, cum abrogat prohibitionem divortii « communi consensu »: *si enim in alterutrum affectus nuptias solidat, merito contraria voluntas istas cum consensu dissolvit* [54]. Divortium, attentis his verbis, est logicum quatenus quod voluntas efficit, valet et resolvere

53 Tractatio rei nos certe urget, nimirum quod in iure moderno recursus fit ad romanum, sin minus qua praecedens quoddam conceptionis matrimonii qua meri facti consuetudinis vitae communis, ita ut consuetudine hac deficiente matrimonium disparuisse dicatur; indeque divortium postuletur ex ipsa natura rei.

54 Nov. 140, 1.

— eo supposito quod Romani non admittebant legem aliquam superiorem, naturalem aut positive divinam, contrariam —, non, e contra quatenus, consensus aut conviventia desinerent producere sive sustinere actu matrimonium.

Certe, Imp. Iustinus versatur hic in divortio « communi consensu »; at idem valet conversa attentione ad unilaterale; Iustinianus quidem, agens de unilaterali, idem dixerat in Nov. 22, 3: *horum quae in hominibus subsequentur quidquid ligatur solubile est* [55].

Divortium ergo est, saltem tempore postclassico, logicum eo sensu quod subsistentia matrimonii pendet a voluntate partium, eodem pacto atque ab ea pendere debuit illius exsistentia initialis. Si voluntas poterat inducere vinculum matrimoniale, poterat et illud dissolvere, actu positivo contrario.

Sed, en nunc quaestio: numquid non haec eadem ratio logica divortii denuntiata tempore postclassico, valuit et pro tempore praecedente? In sequentibus proponimus nostram opinionem affirmativam, crisi inde subiicientes opinionem modernam de qua supra.

Sane, cogitare seu inducere discrimen, quod alio in tempore, nempe, classico et pracelassico, dependentia persistentiae matrimonii a voluntate significet hanc posse ex certo momento non pergere efficere matrimonium; in altero, vero, seu in periodo postclassica, voluntatem posse emittere actum contra matrimonium, seu resolutivum istius, redolere videtur subtilitatem, gratis confictam.

Ideo, recte Basanoff, scribit de tempore classico: *Le divorce s'accomplira généralement, quand cette volonté c o n t r a i r e à la continuation du mariage se sera manifestée ...* [56]. Iuxta Basanoff, proinde, divortium postulabat, tempore iam classico, voluntatis actum contrarium, i. e., voluntatis actum novum, quo divortium

---

55 Quod Iustinianus ibi referatur ad divortium unilaterale aperte constat ex eo quod agat de divortio illicito; tunc vero temporis prohibitionem divortii « communi consensu » nondum ediderat.

56 BASANOFF, *o. c.*, p. 178.

obtineretur; non satis erat mera cessatio, de qua loquitur opinio moderna supra descripta.

Hac de causa textus ille classicus, Alexandri Severi, adductus nimirum ad fundandam conceptionem classicam, ut distinctam a postclassica, scilicet; *libera matrimonia esse antiquitus placuit, ideoque pacta ne liceret divertere non valere et stipulationes quibus poenae inrogarentur ei qui divortium fecisset, ratas non haberi constat* ... [57], redolet, utique ideas classicas, ut distinctas a postclassicis, at *solummodo* eo sensu quod tunc, in classico, libertas divortii esset plena; non e contra, sic, in postclassico, cum prohibitio eiusdem in pluribus hypothesibus fuit inducta. Nemo, certe, inveniet in isto textu vestigium aliquod memoratae conceptionis divortii, qua mera cessatio voluntatis. Immo, textus Alexandri, sine dubio verus fuit etiam tempore postclassico, siquidem nec hoc tempore licuit pacta facere quoad non divortiandum — saltem ex causa admissa a iure —, nec *stipulationes*, de quibus ibi, *quibus poenae inrogarentur ei qui divortium fecisset.*

Signum, sane, pro admittendo discrimine, solo postremo sensu, non vero, primo, hoc est quod etiam tempore postclassico divortium, quantumvis prohibitum, seu ex iustis causis non factum, erat validum, seu reapse matrimonium, ad mentem Romanorum, dissolvens. Unum, ergo, de duobus: aut idea merae cessationis pergebat adhuc tunc (in postclassico), aut idea contrariae voluntatis tenebatur a Romanis eodem modo in classico atque in postclassico tempore. Liceitas, vel minus, divortii nequit mutare conceptionem matrimonii, et, consequenter, divortii.

Immo, prohibitio divortii exstitit iam quoque in iure praeclassico, ita ut non fuerit licitum nisi, olim, ex tribus illis notis causis a Plutarcho relatis [58], et, dein, usque ad saec. III a. C., fortasse etiam ex aliis, consuetudine determinatis; semper, tamen certis. Iam, possemusne iure affirmare Romanam gentem habuisse ideam diversam ma-

---

[57] C. 8, 38, 2: a. 223.

[58] Supra, p. 8.

trimonii et divortii tempore praeclassico ab ea quam habuit postea tempore classico?

Mutata est idea, dicetur fortasse, post saec. III a. C., quae ut talis duravit deinde iam per illa quinque saecula: a Plauto ad Constantinum. Hoc nimirum non probatur. Novum quid per illa quinque saecula videtur fuisse sola facultas impune divortiandi. Profecto, divortium fuit tunc omnino liberum iuridice. Textus eo sensu sunt indubii [59]. Attamen, prout supra iam insinuatum est, haec libertas plena divortiandi nequaquam secumferebat ideam divortii qua merae cessationis consensus matrimonialis; sed poterat secumferre, immo obvie secumferebat absentiam tantum obligationis non dissolvendi matrimonium, seu non rumpendi vinculum exortum actu quodam initiali; nihil amplius. Hinc matrimonio assumebat quis obligationes quae implicabantur in mutuo consortio, coniunctione, communicatione iuris divini et humani; quas quidem implere tenebatur usque dum voluntatem contrariam non emitteret eas solvendi.

* * *

Dicetur iterum, fortasse, quod agitamus rem subtilem, seu quod quaestio fit de verbis; admissa, enim, plena libertate divortiandi, idem videretur esse loqui de cessatione consensus, ac loqui de consensu contrario; incideremus, tandem aliquando, in conceptionem matrimonii subsistentis vi consensus continui. Ita, vero, certo non est, prout statim videbitur.

Profecto, si opus est consensu positive contrario pro divortio, et recusatur idea merae cessationis, cum consequente conceptione subsistentiae matrimonii ob positivum suum *fieri* seu creari in omni momento, bene intelligetur (I) quod matrimonium non dissolvatur ob supervenientem dementiam unius aut amborum coniugum, et (II) quod

---

[59] C. 8, 38, 2: Imp. Alex. Sev. (a. 223); D. 45, 1, 35 pr.: Paul.; C. 6, 46, 2 pr.: Impp. Sev. et Anton. (a. 205); C. 5, 4, 14: Impp. Diocl. et Max. (Sine dat. in Kr.). Cf. *Responsiones,* in *Periodica,* p. 449 s.

matrimonium, alias dissolvatur, alias vero, non, ob superveniens impedimentum; secus, revera, illa nequibunt logice explicari.

Equidem, quoad primum, en aliquos fontes:

> Furor contrahi matrimonium non sinit, quia consensu opus est, sed recte contractum non impedit [60];
>
> Neque furiosus neque furiosa matrimonium contrahere possunt, sed contractum matrimonium furore non tollitur [61];
>
> Iulianus .... quaerit an furiosa repudium mittere aut repudiari possit, et scribit furiosam repudiari posse, quia ignorantis loco habetur: repudiare autem non posse neque ipsam propter dementiam neque curatorem eius, patrem tamen eius nuntium mittere posse [62];
>
> « ... nam cum consistat matrimonium altero furente, consistet et utroque [63];
>
> Si maritus vel uxor constante matrimonio, furere coeperint, quid faciendum sit, tractamus. Et illud procul dubio observatur eam personam, quae furore detenta est, quia sensum non habet, nuntium mittere non posse [64].

Sensus obvius horum textuum secumfert:

1) matrimonium non dissolvi superveniente dementia coniugum, quamvis ipsi desinant matrimonium velle, seu quamvis ipsi haud amplius possent pergere in ineundo seu creando proprium matrimonium [65];

---

60 D. 23, 2, 16, 1: Paul.

61 Paul. Sent. 2, 19, 7.

62 D. 24, 2, 4: Ulp.

63 D. 1, 6, 8: Ulp.

64 D. 24, 3, 22, 7: Ulp.

65 Certe, pro creando seu producendo in exsistentiam matrimonium recurri nequit ad « voluntatis reliquias », quae, referente Ulpiano, in dementibus manent (« quasi voluntatis reliquiis in furiosis manentibus »: D. 1, 6, 8 pr.), quia reliquiae istae vitam praebere matrimonio nequeunt in momentis dementiam subsequentibus, suis cum iuribus et obligationibus (in quibus matrimonium revere est). Si igitur ista iura et istae obligationes ortae non fuissent, nimirum vi consensus praecedentis seu initialis, ac solum

2) divortium exigere actum positivum contrarium; etenim iterum iterumque dicitur dementem nequire divortiare. Nimirum, nequit divortiare quia actum positivum contrarium emittere nequit[66]. Profecto, si sufficeret cessatio consensus pro divortio, non iam posset hoc efficere, sed necessario hoc sequeretur ex superveniente dementia.

Quoad secundum casum, seu supervenientis impedimenti invalidantis matrimonium, erant certae hypotheses in quibus sequebatur dissolutio matrimonii; erantque et aliae in quibus non sequebatur.

Equidem, sequebatur dissolutio matrimonii filiaefamilias, si proprius pater-familias adoptaret suum maritum, ob superveniens eo ipso impedimentum affinitatis secundi gradus inter uxorem et maritum; sic enim legimus in Tryphon.: *Sed videamus si Titii filius duxerit uxorem eam, quae tua pupilla fuit, deinde Titium vel filium eius adoptaveris, an peremuntur nuptiae (ut in genero adoptato dictum est)*[67]. Non sequebatur, e contra, dissolutio, aut saltem de eo disputabatur — pro nostro casu idem valet — ob superveniens impedimentum sociale, si, v. gr., maritus alicuius libertae elevaretur ad dignitatem senatoris, prout nos edocet Iustinianus: *Si libertam quis uxorem habeat, deinde inter senatores scribatur dignitate illustratus, an solvatur matrimonium apud Ulpianum quaerebatur, quia lex Papia inter senatores et libertas stare conubia non patitur. Nos igitur Dei sequentes iudicium non patimur... Absit itaque a nostro tempore huiusmodi asperitas et firmum maneat matrimonium...* »[68].

---

huius causa perseverarent, ratio subsistentiae eorum, certe, non haberetur, cum a momento dementiae amborum coniugum, aut etiam unius, nequivissent amplius produci.

[66] Merito notandum, interpolationem horum textuum non admitti a romanistis. Cf. GAUDEMET, in *Iura*, 3, 1953, 552.

[67] D. 23, 2, 67, 3. Cf. D. 23, 2, 14 pr. et 1: Paul. Hoc inconveniens, ut vitetur, refert Gaius: « Itaque volenti generum adoptare suadetur ut filiam emanciparet: similiter suadetur ei, qui nurum velit adoptare, ut emancipet filium » (D. 23, 2, 17, 1). In Institutionibus Iustiniani (I., 1, 10, 2) loco verbi « suadetur » subintrat verbum « debet ».

[68] C. 5, 4, 28: Iustinian. (a. 531 vel 532).

Nunc iam, si matrimonium ad mentem classicorum, fieret consensu operante positive in omni momento, et consequenter, divortium haberetur mera cessatione consensus *iuridice efficacis,* divortium non posset non sequi superveniente impedimento dirimente matrimonii; ex eo enim momento consensus haud amplius pergere posset in sustinendo, modo quidem creativo — ut opinio cui resistimus rem intelligit, prout vidimus — matrimonium, propter obstaculum efficacitatis, impedimentum nempe.

Concludi, inde posse videtur illis in hypothesibus in quibus matrimonium dissolvebatur superveniente impedimento, factum hoc deberi, non quidem, cessationi consensus iuridici, indeque, divortio imposito a lege, sed, legi ipsi, absque ulla relatione cum divortio. Explicatio obvia tunc eo habebatur quod voluntate initiali vinculum induceretur, independens a continuatione voluntatis, sensu de quo loquimur (non, merae non revocationis, actu contrario). Poterat merito agi de vinculo (matrimoniali) inducto voluntate initiali, quod, superveniente impedimento, ius ipsum, alias rumpebat; alias, vero, non, cum in neutro foret repugnantia: non in secundo, ut patet; non in primo, quia cum matrimonium Romae dissolubile esset voluntate coniugum, bene posset etiam esse dissolubile voluntate iuris sive legis, dum id pro bono communi expediret, ad Romanorum mentem. Denuntiatur hoc possibile attentione quoque praestita ad legalem impositionem divortii marito ob uxoris adulterium[69].

---

69 Ut ambo notentur, scilicet, solutio matrimonii vi iuris, et praescriptio divortiandi pariter iuridica, compara C. 5, 4, 28 pr.: «... an solvatur matrimonium ...», et D. 23, 2, 67, 3: «an peremuntur nuptiae ...», cum D. 4, 4, 37, 1: «... veluti si in adulterio deprehensam uxorem non dimiserit ...», et D. 48, 5, 25, 1: ... et praecipitur ut is maritus qui horum quem occiderit, uxorem sine mora dimittat.

Conclusiones ulteriores

1) *Ius romanum et theoria generalis.*

Praesuppositis supra dictis, fautores divortii in iure moderno nequeunt secure recursum ad ius romanum facere, ut propriis ideis basim aliquam historicam praebeant quatenus ius romanum tenuisset matrimonium cessare ex ipsa sua natura, cessante amore coniugale aut voluntate efficiendi successive matrimonium; non quidem tempore, saltem, postclassico, quandoquidem systema romanum non ita se habuit, asserentibus communiter auctoribus [70], seu quando matrimonium intelligebatur inductum pacto [71] initiali, divortium, consequenter, effectum actu voluntatis contrario; non vero, mera cessatione alicuius consensus continui; at nec classico, cum, prout declarare potuimus, mera cessatio conviventiae aut consensus non inducebant necessario divortium, sed requirebatur pro eo actus contrariae voluntatis rescindentis obligationem sive vinculum actu initiali contractum.

Porro, ut unum heic addam, meminisse iuvat notitiae ab A. Gellio traditae circa divortium Carvilii Ruga: *Atque is Carvilius,* refert A. Gellius, *traditur, uxorem quam dimisit, egregie dilexisse carissimamque morum eius gratia habuisse* [72]. Ut patet, nec amor — sub ratione affectionis — fecerat ibi formaliter matrimonium, nec praesentia amoris impedivit divortium. Matrimonium contractum fuerat consensu pactitio, ex sensu obvio textus, fuitque solutum consensu similiter negotiali, positive con-

---

[70] Discrepant adhuc quidam, ut G. Longo, *Il requisito della convivenza nella nozione romana di matrimonio*, in *Il diritto ecclesiastico*, 54 (1954) 150 ss.; García Garrido, *Minor annis XII nupta*, in *Labeo*, 3 (1957) 86 ss. Haud facile sustineri valet horum doctrina.

[71] Cf. maxime D'Ercole, *Il consenso degli sposi e la perpetuità del matrimonio nel diritto romano e nei Padri della Chiesa*, *SDHI*, 5 (1939) 8 ss.; Volterra, *pluribus in scriptis*. Pro citationibus vide scriptum nostrum: *Causa efficiens matrimonii*, in *Periodica*, 55 (1966) 376 nt. 38 s.

[72] Aulus Gellius, *Noct. Att.*, 4, 3, 1.

trario — vere diverso, ut luculenter apparet, ab affectione, qua elemento ethico, licet praerequisito, ut praesupposito.

2) *Doctrina romana divortii et indissolubilitas matrimonii.*

Prout vidimus, Romani per totam tempus suae historiae divortium admiserunt; etiam quidem in postrema periodo, cum Iustinianus divortium « communi consensu » prohibuit. In primis, nec hoc in omni hypothesi vetuit. Praeterea, divortium unilaterale relictum fuit ab eo pluribus ex causis liberum et licitum. Indissolubilitati ergo absolutae matrimonii ex praecepto divinae legis, quam Ecclesia docet Romani adhaeserunt nunquam.

Ecquid vero indissolubilitati matrimonii repugnat illorum conceptio de eo et de divortio?

Si conceptio romana matrimonii illa fuisset, supra descripta, quae consensum matrimonialem postularet continuum, et divortii, consequenter, quae illud reduceret ad meram cessationem consensus seu affectionis maritalis, evidenter indissolubilitati repugnaret conceptio romana matrimonii; si vero, e contra, conceptio illa romana intellexit matrimonium ut exortum ex consensu pactitio, initiali, et consequenter, divortium, ut consistens in actu contrario, qui ruptionem vinculi, ex illo consensu initiali exorto, provocabat, repugnantia, certo, non adesset.

Bene id animadverterunt SS. Patres, quando ad sustentandam indissolubilitatem matrimonii prae oculis ponebant rationem pactitiam matrimonii; et bene id etiam intellegunt auctores romanistae moderni, D'Ercole, Volterra et alii, tenentes Romanos mutasse propriam conceptionem circa matrimonium tempore postclassico, tribuentes illi tunc rationem contractualem, influxu quidem Christianismi, propter indissolubilitatem, quam hic de tali instituto praedicat et sustinet.

Profecto, verum est pactum qua tale non secumferre rationem indissolubilitatis; pactum, enim, qua tale, cum in ' esse ' veniat ope voluntatis, ab eadem potest dissolvi actu contrario, attenta reg. iuris in X. Greg. IX: *omnis res, per quascumque causas nascitur, per easdem dissolvitur,* ut bene perceperant Iustinianus et Iustinus, prout supra vidimus [73]; inde plus quam obvium est nequaquam probari indissolubilitatem matrimonii eo quod sit pactum; hoc, e contra, *solum* asserimus, quod omnibus non patere non debet: rationem pacti non repugnare indissolubilitati, immo, et *potissimum,* conceptionem matrimonii qua pacti iuridici, constituere praesuppositum logicum ut matrimonio accedere possit proprietas indissolubilitatis; verbo: tantum, si matrimonium est aliquod pactum, esse potest indissolubile; etsi deinde, cum dixerimus, pactum qua tale (in genere) non secumferre indissolubilitatem, aliunde a ratione pacti qua talis, probari debeat indissolubilitas: nimirum, vi legis divinae, impedientis voluntatem, quominus actum validum, quo rumpatur vinculum matrimoniale, quantumvis ab ipsa eadem voluntate semel inductum fuerat, ponat. Sane, potuit voluntas libere, immo, nonnisi libere obligationes matrimoniales — in hoc est vinculum — inire; semel tamen initis, subtrahi valet illi a Deo facultas ipsas solvendi.

Iuvat in iisdem insistere ob rei difficultatem.

Profecto, si matrimonium fit in omni momento, seu consensu continuo, matrimonium non est nisi factum praesens; pro momentis sequentibus matrimonium nondum exsistit, sed fiet, seu exsistet, si consensus prosequatur illud efficere. Iam, factum non est dissolubile aut indissolubile; sed est aut non est.

Aliter. Solum, si in matrimonio datum est distinguere inter *to fieri* ipsius et *to in facto esse* eiusdem, seu, inter consensum actualem — factum — et vinculum ab eo productum, aut quod idem est — recidentes tandem aliquando in formulam verae, ut videtur, conceptionis de matrimonio —, solum si matrimonium efficitur pacto, vi cuius datum est illa duo distinguere, factum et vinculum, quaestio fieri potest de dissolubilitate aut indissolubilitate matrimonii. Indissolubilitas praedicari poterit tunc de matrimonio in *facto esse,* sive de matrimonio-vinculo;

---

[73] Supr. p. 28 s.

non, de matrimonio in fieri, utpote quod merum sit factum (etsi pactum!).

* * *

In relatione cum his tangere oportet dictum certorum auctorum eo sensu quod pro indissolubilitate matrimonii sufficiat praeceptum morale; fortiorem, immo asseritur, esse vim moralem quam ius; immo potius eos qui ad ius, seu ad pactum iuridicum ut ad praesuppositum necessarium pro indissolubilitate, recurrunt, ut laborantes contra thesim indissolubilitatis considerant [74].

Qui sic edisserunt, problema profunditus non perceperunt.

Sin illud admitteretur, seu, si in praecepto formaliter qua morali consisteremus, actum esset de indissolubilitate, cum essemus in campo factorum.

Porro, indissolubilitas secumfert impossibilitatem matrimonium solvendi, hinc, invalidatem actus revocantis matrimonium. Nunc vero, invalida revocatio non habet sensum, ut patet, nisi in campo iuris. Attenta pura morali versamur in campo dumtaxat liceitatis aut illiceitatis; ultra non transit moralis; accedere debet ius, ut sermo fieri possit de invaliditate actus, seu de actu contra quem perperam insurgit aut decisionem voluntas sumit.

Quapropter, post factum matrimonium, voluntas coniugum efficere utique potest ut donatio effectiva corporum locum non habeat, quia hoc est facticum quantumcumque velis peccaminosum; sed nequibit obtinere ut donatio corporis alteri, praeter quam propriae comparti, facta, sit matrimonialis, quia vinculum — aliquid iuridicum — primi matrimonii rumpi a voluntate non potuit, et cum alio contrahere. Paucis: quia to esse aut non esse sive remanere in illo matrimonio, non pendet a voluntate partium, sed a iure; cum enim agitur de norma iuridica, aliquando, iuxta voluntatem legislatoris, ea non patitur violationem quoad effectum suum formalem: versamur quidem in norma quae dicitur irritans.

---

74 Cf. *De matrimonio responsiones,* in *Periodica,* cit. p. 469.

Insistet quisquam dicens nec etiam normam moralem destrui posse a voluntate, seu a violatore eius, unde, sufficere indissolutionem matrimonii impediri a norma morali ut tali. Sic qui tenent matrimonium in amore consistere, quamvis amor dispareat, remanebit obligatio moralis amandi, qua matrimonium sustinetur, seu indissolubile redditur.

Qui ita loquuntur non distinguunt moralem a iure; immo, censent quod dicere indissolubilitatem matrimonii niti formaliter in iure, et non praecise in norma morali, secumfert separationem moralis a iure; immo, magis, aestimant indissolubilitatem sic haud omnino securam retineri posse. Iam, omnia haec iure non sustinentur.

a) Certissime norma moralis non destruitur ab eius transgressore, at vere *violatur,* sive *non impletur.* Sane hoc est proprium omnis normae moralis: quod violari possit, ipsa, nihilominus, permanente ut vigente; immo, praecise, quia violata, ut non destructa, sed ut vigens manet; omnis norma moralis, tam violata quam non violata, pergit nihilominus imperare seu urgere impletionem suipsius. Hoc vero nostra non interest. Hic quaeritur nimirum impossibilitas ipsius violationis; quod quidem in solo campo iuris haberi valet, et quidem semper ac legislator legem suam charactere irritante induit.

En casum nostrum, seu legis divinae quae praecipit indissolubilitatem matrimonii. Violatio legis implicaret dissolutionem matrimonii; quod quidem non datur, quantumcumque coniuges id velint. Ideo praecise sermo fieri potest de sola attentione dissolutionis matrimonii, aut contractionis alicuius novi. Intentare, ergo quis potest violare legem, sed nequaquam talem violationem operari potest quia penes se non est.

Ideo his qui, sustinentes matrimonium in amore formaliter consistere, censent matrimonium non dissolvi cessante amore, quia norma moralis pergit obligare coniuges ad sese amandum, etsi amor actualis cessaverit, dicendum eos versari in quadam confusione idearum, quia non animadvertunt indissolubilitatem, si ea habetur — hoc dicimus, non quia nos de hoc dubitemus, sed quia nostra hic non est directe probare ipsam dari in matrimonio — consistit in impossibilitate legem violandi; iam, qui compartem matrimonii non amat, poterit dicere se non violasse legem amandi, eo quod ipsa pergat obligare ad amandum? Si matrimonium consistit formaliter in amore, qui non amat non contrahit matrimonium [75]; et qui, post contractum matrimonium, amare desinit, desinit es-

[75] Procul dubio, aliquis etsi minimus gradus actualis amoris necessarius esse videtur ad hoc ut consensus iuridicus, i. e., qua actus voluntatis inducens vinculum matrimoniale, seu obligationem donationis ex parte coniugum ad invicem, necessarius videtur; nam absque tali qualicumque amore actuali indeque praesente aversione mutua (aut ex parte alterutrius) assumptio illius donationis tam plenae, quae pro matrimonio requiritur (consortium omnis vitae), vera et sincera (i. e., expers simulationis) dari facile posse non videtur. Exemplum crebro allatum: quod in pluribus mundi regionibus parentes nuptias filiorum parant, quin nubendi, maxime sponsa, compartem cognoscant, nihil in contrarium probat; nam ob consuetudinem earum regionum, sponsae illae, sponso cuicumque a parentibus designato non repugnant; hinc incipiunt amare etiam ignotum de visu sponsum. Si autem, certo in casu, revera repugnarent, indeque donationi suipsius non adnuerent, verum est matrimonium tunc non obtineri, quantumcumque parentes unionem materialem cogerent, ipsique tenerent filiam suam qua in matrimonio collocatam. Et idem, sane, dicas de illo alio, quod adduci quoque solet, exemplo, nempe, matrimoniorum inter personas stirpis regiae, ob rationes politicas initorum. Etiam in his casibus gradus ille amoris, quo possibilis redditur assumptio consensualis donationis matrimonii propria, haberi valet.

Iam, hoc, verum videtur. Sed iste amor necessarius modo dicto vinculum iuridicum formaliter nequaquam creat. Ipse est, formaliter, merum praesuppositum, ut obligationes, in quibus matrimonium consistit, assumantur. Sic, quia Titiam Caius diligit — saltem in minimo gradu, sufficienti ad aversionis absentiam — ei se vinculat *ad consuetudinem omnis vitae* cum ea tenendam. His praemissis, bene intelligi valet quod, ad *contrahendum* matrimonium, requiratur actualis *praesentia* certi gradus actualis amoris; ad retinendum, vero, postquam fuerit contractum, non; et sit seu maneat tunc vera obligatio amandi, inde et excitandi amorem eventualiter perditum quo valor ethico-theologicus matrimonii realizatur. Nulla est quidem obligatio amandi ante contractum matrimonium, quia nemo obligatur ad contrahendum cum certa persona; amor, ergo, qui praesens, tunc cum contrahitur matrimonium, requiritur, postulatur de se solum psychologice (non moraliter): solum nempe, ut donatio adeo plena, personalis, quae in matrimonio fit, consensualiter-vinculative iuridice locum habere possit.

se in matrimonio. Si vero, dicis matrimonium sustineri obligatione amandi, potius logice sustines eum obligationem habere contrahendi iterum seu successive matrimonium; quod quidem, dum amor non exsurgat, non obtinetur; quia matrimonium, ex tuo dictu, non consistit in obligatione sese amandi, sed in amore. Hoc vero, nisi intelligas pro obligatione amandi in casu, obligationem seu vinculum quoad se donandum alteri parti (ob reciprocam ex hac). Sed tunc eo ipso supponis pactum aliquando (momento nuptiarum) peractum, vere iuridicum, distinctum formaliter ab actu amoris fuisse [76]. En declaratam confusionem, de qua dixi, idearum in illis qui tenent matrimonium consistere in amore aut obligatione amandi.

Non separatur ius a morali

Accedentes quidem directe ad quaestionem istam, de separatione iuris a morali, non est omittendum duo esse hic accurate distinguenda, scilicet: distinctionem moralem inter et ius, et separationem iuris a morali.

Incipientes a secundo, nequit certe id admitti, nec ansam praebent quae supra diximus, ut cogitamus, ad istud tenendum. Porro, obligatio moralis — orta ex lege morali fovendi et retinendi amorem coniugalem, indeque non attentandi ruptionem vinculi matrimonialis — habetur, ut patet firma, comitaturque ius sive institutionem matrimonialem qua iuridicam; aliis verbis, moralis instat ut realizetur matrimonium qua institutio integralis

[76] Quod actus voluntatis, qua pactitius seu iuridicus, distinguitur ab actu voluntatis qua actu amoris, animadverti valet instituta comparatione cum simplici amicitia; est autem amicitia nihil aliud quam *omnium divinarum humanarumque rerum cum benevolentia in caritate consensio* (CIC., *De amicitia*, 6, 1). Dubitari nequit quin inter amicos sit amor; inter quos, tamen, obligatio ex iustitia non oritur ad consensionem sive communionem omnium rerum (divinarum humanarumque); agitur, proinde, de re facti. Ea, igitur, rupta, nihil remanet inter eos qui amici fuerunt. Quid deest ibi, quod impedire potuisset ut omnia non disparuerint? Vinculum; quod, e contra, subiacet in matrimonio, quoad communionem totius vitae ex pacto ortum.

iuridico-ethico-theologica et nullatenus attentetur divortium. Norma moralis, proinde non separatur in casu a iuridica.

Primum vero, seu distinctio formalis moralem inter et ius nequit non teneri, quod attinet ad efficacitatem uniuscuiusque. Sane, prout diximus, lex qua moralis, potest semper violari; qua vero iuridica, non semper quoad proprium effectum formalem. Et ratio postremi est quia actione iniusta seu contra ius tollitur alteri quod suum est; quod quidem, interdum debet non posse absolute ei tolli: nimirum, quando ei — individui aut societati ipsi quacumque sub ratione — dein apte seu sufficienti modo satisfieri non valebit; quodque praecise in casu nostro habetur, ut doctrina Ecclesia iudicat, et in quo lex divina irritans fundatur.

* * *

Omnibus supra dictis responsum dedisse videmur quaesito quod refertur ad punctum illud num magis vel minus tuta reddatur veritas indissolubilitatis matrimonii, secundum quod ea nisa intelligatur in norma morali aut in iuridica. Postulatur quidem heic *ius* prae mera morali, ut valor etiam ethico-theologicus — quod, absque dubio, princeps est, tutus undequaque reddatur. Ita etiam quoad istam institutionem in Ecclesia fundamentalem, illud verum patescit: quod charisma defenditur ac plene fructiferum redditur in illa pro salute fidelium ope et vi iuris, ex voluntate quidem divini fundatoris, Christi.

OLÍS ROBLEDA, S. I.

God created in love. Marr. more import. than any other social rel. Indiss. Gods will but Jews could not observe But he promised a new heart, his own Spirit, so that they could be faithful. So 'humanly' we couldn't but with grace of H. Sp. yes. That was new cov., by his Son. It is a rel. of the heart - sp. resp. in us. of. Sermon on mt. So Jesus was radical in his demands bec. new Sp. in heart. So re marr. And one flesh is not just phys; it means union (foedus) of whole person - consent, Rational, spiritual.

II

DE VINCULO MATRIMONII IN NOVO TESTAMENTO *

Nobis agendum non est de integra doctrina neo-testamentaria circa matrimonium, sed tantummodo de vinculo, et quidem methodo exegetica; multa enim quae hodie dicuntur potius theologiam pastoralem respiciunt aut praeter exegesim proponuntur [1], in ordine ad problemata et solutiones practicas.

I. De norma

In quaestionem veniunt: *I Cor.* 7, 10-11; *Lc.* 16, 18; *Mt.* 5, 32; *Mt.* 19, 1-9; *Mc.* 10, 1-12.

1. Quoad originem documentorum, historice praecedit *Paulus,* cuius epistola prima ad Corinthios ad summum a. 57 conscripta est, scilicet post 27 circiter annos a morte Christi. In secunda parte epistolae, Apostolus, inde a c. 7 et usque ad c. 15, quaestionibus respondit quae ab ipsis Corinthiis ei positae sunt (cfr. v. 1 « de quibus scripsistis »). Postquam egit de legitimitate coniugii, de iuribus coniugum et de bono eminenter christiano continentiae et virginitatis, Paulus scribit:

---

* Vide *Periodica,* 61 (1972) 226 ss.

1 Bibliographia de matrimonio et divortio in N. T. fere in immensum crevit; multa inveniuntur in J. Dupont, *Mariage et divorce dans l'évangile,* Bruges 1959; H. Baltensweiler, *Die Ehe im N. T.,* Zürich 1967; F. Vattioni, *Il matrimonio nel N. T.,* in *Populus Dei,* II (*Studi in onore del Card. A. Ottaviani*), Roma 1969, pp. 1115-1162; D. Crossan, *Divorce and Remarriage in N.T.,* in W. W. Basset (editor), *The Bond of Marriage,* Notre Dame (U. S. A.) 1968, pp. 1-40; L. Sabourin, *Les incises sur le divorce,* in *Bull. de Théol. Bibl.* 2 (1972), pp. 80-87. Quoad disputationes occasione Concilii Vat. II cf. R. Laurentin, *Bilan du Concile,* Paris 1966, p. 394 s.

« His autem qui matrimonio iuncti sunt
praecipio non ego, sed Dominus,
uxorem a viro non discedere
— quod si discesserit, maneat innupta
aut viro suo reconcilietur —
et virum uxorem non dimittere » (vv. 10-11) [2].

Modicis emendationibus inductis ad fidem textus originalis, clarius elucet mandatum Domini pari modo respicere sive virum sive mulierem.

Ex contextu subsequenti, patet hic agi de coniugio christiano; immo sunt qui putent, ex eo quod Paulus loquitur antea de uxoratis et postea de « ceteris » (v. 12), qui matrimonio mixto iuncti sunt, Apostolum reservare vocem, « matrimonium » (gr. γάμος) uni matrimonio christiano, ex eo quod indissolubile est [3].

Paulus « mandatum » Domini citat: « praecipio non ego, sed Dominus », ubi verbum gr. παραγγέλλω (= praecipio, impero, denuntio quid faciendum aut non faciendum sit) verum mandatum indicat — de consilio cfr. v. 6: « hoc secundum indulgentiam, non secundum imperium » (κατ' ἐπιαγήν = imperative).

Apostolus practice ad « verbum » aliquod Christi appellat, etsi explicite illud non citet, quod tamen notum erat Corinthiis: an ex praedicatione orali, an ex scripto evangelia hodierna praecedenti, non liquet (cfr. ad *Mc.* et ad *Lc.*).

Provocatio Pauli appellantis ad mandatum Christi, indicat non tantummodo rem quae extra controversiam posita est, sed agi de re, quae intime connectitur cum novitate christiana, ex qua semper doctrina de matrimonio in N. T. diiudicanda est.

Circa historica temporum adiuncta in quibus communitas christiana Corinthiorum versabatur, notandum quod aderant ibi Iudaei conversi, qui antea facultatem

---

[2] Textus latini citantur secundum « Neo-Vulgatam », Typis Polyglottis Vaticanis editam iussu Summi Pontificis, a. 1970.

[3] J. Héring, *La première ép. de St. Paul aux Corinthiens*, Neuchâtel 1949, p. 53.

habebant a Lege dimittendi uxorem; pagani, qui sive ex parte viri sive ex parte mulieris divortio uti poterant; servi, quorum matrimonium nulla soliditate et protectione legis gaudebat; coniuges, quorum una pars erat condicionis servilis et cuius coniugium non tam firmum erat, vel in genere conversi qui, in tanta situationum varietate, difficultatem habebant circa mandatum Christi [4].

Adhuc notandum: quando agitur de viro, sermo est de non *dimittenda* uxore (gr. μὴ ἀφιέναι) quando autem de muliere, dicitur *discedere* (μὴ χωρισθῆναι) a viro. Sunt qui putent « dimittere » includere veram vinculi matrimonialis dissolutionem, « discedere » autem solam tori et mensae separationem, sed ad unguem philologiae res definiri nequit.

Neque concludi potest ex textu Pauli licere viro, quo invito mulier discessit, aliam sumere uxorem; hoc quidem argui dicitur ex mandato quod datur mulieri: « maneat innupta aut viro suo reconcilietur » cum de viro nihil addatur, sed iam vidimus Paulum inde ab initio nullam distinctionem inducere quoad iura inter virum et mulierem.

Concludendum: ex Paulo constare doctrinam christianam de indissolubilitate vinculi matrimonialis nullo dubio obnoxiam esse inde a primis annis Ecclesiae.

2. *Textus evangeliorum* qui de vinculo agunt habentur:

a) *extra* disertum *contextum,* ut *Lc.* 16, 18;

b) *in determinato contextu,* et hoc dupliciter: *Mt.* 5, 31-32 in decursu sermonis montani; *Mt.* 19, 3-9 et *Mc.* 10, 2-12 in contextu controversiae Christi cum Pharisaeis; notandum tamen *Mt.* 5 etiam pertinere aliquo modo ad contextum polemicum, quatenus agitur ibi de vero valore Legis mosaicae.

A. - Quae leguntur in *Lc. 16, 16-18* videntur omnino extra contextum, quatenus nihil habent cum argumento

---

[4] E.-B. Allo, *St. Paul: Prem. Ép. aux Corinthiens,* II ed., Paris 1956, p. 164.

praecedenti (de usu bonorum terrestrium, 16, 1-15) et subsequenti (de divite et Lazaro paupere, vv. 19-31). Quae *Lc.* refert hic, melius a *Mt.* 11, 12 s.; 5, 18; 5, 32; 19, 9 in variis contextibus ponuntur. Problema de Lege mosaica et controversia cum Iudaeis non erant cordi Lucae, qui evangelium suum scripsit pro ethnico-christianis, proinde arguendum est illum habere tria « logia » Christi vv. 16-18 ex traditione et illa transmittere sicut invenit. Sunt autem qui aliquam relationem saltem inter v. 17 et 18 inveniunt. In v. 17 sermo est de Lege, de qua ne unus apex cadere debet et statim in v. 18 sermo est de vinculo indissolubili matrimonii. In *Mt.* 5, 18 dicitur: « iota unum aut unus apex non praeteribit a Lege ». Est autem traditio rabbinica quae refert Salomonem, ad *Deut.* 17, 17, quo regi Israel praecipiebatur de non multiplicandis uxoribus, iota (hebr. Yod) unum mutasse, ita ut legeretur *le'arbeh* (ad multiplicandum) loco *lo'yerbeh* (non multiplicabit uxores): contrarium omnino! Ita explicaretur nexus inter *Lc.* v. 17 et 18; evangelista tamen omisit mentionem *iotae* quatenus graece littera iota non est minima ut est in scriptura hebraica. Apud Hebraeos *Deut.* 17, 17 simul cum *Gen.* 1, 27, citabatur (in *Documento Damasceno* V, 2) ad docendam doctrinam de monogamia [5].

Lucas ergo habet: « Omnis qui dimittit (gr. ἀπολύω liberum dimittere) uxorem suam et ducit alteram, moechatur, et qui dimissum a viro ducit, moechatur ». Conclusio obvia est: numquam licet viro uxorem dimittere et aliam ducere. Quoad rem, Lucas cum Paulo coincidit.

---

[5] Cfr. DUPONT, *op. cit.*, pp. 45-47.

B. - Controversia Christi cum Pharisaeis (*Mt.* 19, 1-2 = *Mc.* 10, 1-12).

Matthaeus (numero indicantur versus)	*Marcus*
(3) Et accesserunt ad eum Pharisaei tentantes eum et dicentes:	(2) Et accedentes Pharisaei interrogabant eum
« Licet homini dimittere uxorem suam quacumque ex causa? »	si licet viro uxorem dimittere,
	tentantes eum.
(4) Qui respondens ait:	(3) At ille respondens dixit eis: « Quid vobis praecepit Moyses? »
	(4) Qui dixerunt: « Moyses permisit *libellum repudii scribere et dimittere* ».
	(5) Iesus autem ait eis: « Ad duritiam cordis vestri scripsit vobis praeceptum istud.
« Non legistis quia qui creavit ab initio, *masculum et feminam* fecit eos,	(6) Ab initio autem creaturae *masculum et feminam fecit eos*[6].
(5) et dixit: *Propter hoc dimittet homo patrem et matrem, et adhaerebit uxori suae, et*	(7) *Propter hoc relinquet homo patrem suum et matrem et adhaerebit ad uxorem suam,*
erunt duo in carne una?	(8) *Et erunt duo in carne una;*

Subiectum Deus non exprimitur reverentiae causa.

Jesus cuts thro' the details of controv. and, appeals to the orig. ppl. of God's will and creation.

(Matthaeus)	(Marcus)
(6) Itaque non sunt duo sed una caro.	itaque iam non sunt duo sed una caro
Quod ergo Deus coniunxit, homo non separet ».	(9) Quod ergo Deus coniunxit, homo non separet ».
(7) Dicunt illi : « Quid ergo Moyses mandavit *dari libellum repudii et dimittere*?	
(8) Ait illis : « Moyses ad duritiam cordis vestri permisit vobis dimittere uxores vestras, ab initio autem non sic fuit.	
	(10) Et in domo iterum discipuli de hoc interrogabant eum.
(9) Dico autem vobis, quia quicumque dimiserit uxorem suam, nisi ob fornicationem, et aliam duxerit, moechatur ».	(11) Et dicit illis : « Quicumque dimiserit uxorem suam et aliam duxerit, adulterium committit in eam
	(12) et si ipsa dimiserit virum suum et alii nupserit, moechatur ».
(10) Dicunt ei discipuli eius : « Si ita est causa hominis cum uxore, non expedit nubere ». (sequitur « logion » de eunuchis vv. 11-13)	

before Holy Sp.

poss. with God's grace

So marr. always diffic.

more stress now on sacram. (lit. celebr). (even for orientals)

Uti oculis patet, agitur de duobus narrationibus parallelis [7], quae concordant, etiam quoad verba, et simul discordant sive quoad ordinem controversiae sive quoad ordinem verborum. De compositione litteraria, dicendum in genere *Mc.* « schema litterarium controversiae », notum ex textibus rabbinicis, meliore ordine servare; *Mt.* hunc ordinem mutat et addit « logion » de eunuchis, quod non pertinebat ad controversiam de divortio. Videtur tamen *Mt.* verba Christi secundum antiquiorem formam praebere.

Controversia locum habuit occasione ultimi itineris Christi versus Ierusalem (*Mt.* vv. 1-2; *Mc.* v. 1), circumstantibus turbis et Christo illas docente. Pharisaei *tentant* Iesum ad explorandam eius mentem circa quaestionem gravem, scilicet de liceitate repudii uxoris, nempe de divortio, quod Iudaei retinebant concessum fuisse solis membris populi electi ut privilegium, negatum Paganis.

In Mc. [8] quaestio est generalis et respicit unice Legem Mosaicam, non autem peculiarem eius interpretationem: « si licet viro uxorem dimittere ». Christus respondit quaestionem ponens de « praecepto » Moysis, et Pharisaei citant « permissionem » Moysis de « libello repudii ». Citant nempe *Deut.* 24, 1-3: « Si acceperit homo uxorem et habuerit eam, et non invenerit gratiam ante oculos eius propter *aliquam foeditatem*, scribet libellum repudii et dabit in manu illius; et dimittet eam de domo sua ... etc. » Re vera constat Moysen intentionem habuisse non *praecipiendi* divortium, quod Hebraei adoptaverant ex moribus populorum viciniorum, sed *limitandi* divortii consequentias, illud restringens ad casum « alicuius foeditatis » (hebr. *ᶜerwat dābār*). Libellus repudii hebraice est « *sepher kᵉritut* », scl. « libellus scissionis »,

---

[7] De critica textuali et litteraria ad duas pericopas cfr. H. ZIMMERMANN, *Metodologia del N. T.*, (versio ex lingua germ.), Torino 1971, pp. 88-98.

[8] Cfr. F. M. URICCHIO - G. STANO, *Vangelo secondo Marco*, Torino 1965, pp. 439-444.

discidium; exemplar huiusmodi libelli recenter inventum est in spelunca Wali Murabba'at (prope Mare Mortuum), aramaice conscriptum a. 111 p. C.[9].

Pharisaeis Iesus respondit « praeceptum » Moysis (gr. ἐντολή quatenus scriptum erat in Lege) datum fuisse « ad duritiam cordis » Hebraeorum. Huiusmodi « duritia cordis », sicut « incircumcisio cordis » de qua sermo est in S. Scriptura (*Deut.* 10, 16; *Ier.* 14, 4; *Eccli.* 16, 4; *Mc.* 3, 5), idem est ac voluntas (« cor » pro Hebraeis est sedes cogitationum et decisionum) humana divinae voluntati recalcitrans, usque ad rebellionem. Moyses non potuit abolere divortium, quia Hebraei non erant spiritualiter maturi ad divinam voluntatem observandam (ideo *permisit*); Iesus ergo videtur in tuto ponere auctoritatem Moysis Legislatoris ex parte Dei.

Ut autem quaestio solvatur, Christus appellat ad ea quae ex ipsa Scriptura deduci possunt: « ab initio autem creaturae (i. e. creationis) » Deus fecit masculum et feminam, ut una caro fierent in matrimonio, quod quidem arctissimum vinculum inducit ex ipsa intentione divina. Deinde Christus problema eliminat adducens principium: « Quod ergo Deus coniunxit (gr. συζεύγνυμι iugo unire) homo non separet ». In vv. 6-8 citantur *Gen.* 1, 27 et 2, 24: primus textus respicit creationem utriusque sexus, alter indicat vinculum ex matrimonio exoriens certum et firmum, quod permanens ligamen morale exigit[10]. Opponitur ergo divina voluntas in Scripturis manifestata voluntati hominum, ita ut ambigendum non sit de electione facienda; non enim licet divinam voluntatem notam humano arbitrio subicere.

Concludendum: Christus promulgat abolitionem *Deut.* 24, 1 ss.

---

[9] P. Benoit - J. J. Milik - R. De Vaux, *Les grottes de Murabba'at,* Oxford 1961, *Texte,* pp. 104-109; *Planches* nn. XXX-XXXI.

[10] M.-J. Lagrange, *Év. selon St. Marc,* IV éd., Paris 1929, p. 259.

In vv. 10-12 evangelista dicit discipulos Magistrum iterum interrogasse de eodem argumento seorsim a Pharisaeis, in domo nempe, et Christus eis *positive* effert suum novum praeceptum, ne possibilis sit dubitatio. Est applicatio principii: « Quod Deus coniunxit, homo non separet ».

Notandum tamen v. 12, in quo casus fit de muliere dimittente virum suum, considerandum esse tamquam glossa ab ipso Marco addita, nam apud Iudaeos, etiam quando mulier exigebat divortium propter defectus graves sive physicos sive morales viri sui, divortium considerabatur semper actus mariti, qui unus ius habebat scribendi libellum repudii, quo carente, mulieri non licebat novum matrimonium inire. Apud paganos, e contra, ius petendi divortium agnoscebatur etiam mulieri. Christus, qui Iudais loquebatur, non potuit casum mulieris proponere, quod Marcus legitime fecit in bonum communitatum ethnico-christianarum, pro quibus evangelium suum scribebat. Conc. Vat. II dicit evangelistas quaedam ex materia evangelica explanasse « statui ecclesiarum attendendo » (« *Dei verbum* », n. 19).

Sunt tamen qui possibile retinent Christum verba v. 12 edixisse et adducunt facta ex quibus patet etiam apud Iudaeos tunc mos fuisse dimittendi virum ex parte uxoris. Huiusmodi sunt casus Salome, sororis Herodis Magni, quae a. 25 a. C. reliquit maritum suum Costobarum; et, ipso tempore Christi, casus Herodiadis, quae reliquit Herodem Philippum ut adhaereat Herodi Antipae (cfr. *Mc.* 6, 17 ss.). Etsi non agatur « technice » de divortio (sed de derelictione), constaret tamen apud Iudaeos moribus hellenisticis indulgentes etiam uxores libere egisse in re vinculi matrimonialis [11].

Jn. Bapt. gave life for defence of marr.

[11] In papyro aramaico n. 29 ex Murabba'at, ex anno 117 p. C. videtur agi de divortio etiam ex parte mulieris, *op. cit. Les grottes ...*, p. 110-111.

De relatione Matthaei[12]

Statim apparet in *Mt.* quaestionem de divortio poni non amplius in genere quoad Legem Mosaicam, sed respicere problema « *de causa* » divortii: « Licet homini dimittere uxorem suam *quacumque de causa?* » Notum est apud Iudaeos tempore Christi adesse gravem disputationem circa « foeditatem » (hebr. *ᶜerwat dābār* = res foeda) propter quam secundum *Deut.* 24, 1 licebat viro uxorem dimittere. Opponebantur in foeditate diiudicanda schola Rabbi Shammai et schola Rabbi Hillel. Prima, verbo hebraico *ᶜerwa* insistens (scl. foeditas) docebat unicam causam divortii esse adulterium; schola Hillel, mitior, premens verbum hebr. *dābār* (res) retinebat licitum esse divortium quacumque ex causa, nempe, ob quamcumque imperfectionem aut culpam etiam levem mulieris, ut puta si ipsa non satisfaciebat viro quoad cibum etc.; immo Rabbi Aqiba (c. a. 135) dicebat licitum esse viro dimittere uxorem si aliam mulierem pulchriorem invenisset (hyperboles?)[13].

Quaestio ergo Pharisaeorum in evangelio videtur redolere doctrinam Hillel, et Christus tentatur ut eligat unam aut alteram opinionem, ita ut accusari possit ab istis vel ab illis.

Iesus non amavit huiusmodi quaestiones mere scholasticas et praetulit polemicas vitare, principia enuntiando ex quibus omnis controversia impossibilis fieret; ita ex. gr. in quaestione de censu (*Mt.* 22, 15-22), de resurrectione (*ibid.* vv. 23-33), de magna mandato (*ibid.* vv. 34-40). Ita hic: « Quod Deus coniunxit homo non separet » et « Ab initio non fuit sic ». Unde videtur patere intentio Christi absolute loquendi.

Apud *Mt.* sunt Iudaei qui opponunt « praeceptum » Moysis de divortio, dum Christus loquitur de « permissione » (contrarium in *Mc.* sed vide quae diximus supra)

---

12 De « historia redactionis » huius pericopae cfr. ZIMMERMANN, *op. cit.*, pp. 208-214.

13 J. BONSIRVEN, *Le Judaïsme palestinien au temps de Jésus-Christ*, II, Paris 1935, p. 214 ss.; id. *Le Divorce dans le N. T.*, Paris 1948, p. 14 ss.

et hic modus loquendi melius indicat mentem Iudaeorum. Sententia autem quae apud *Mc.* (v. 11) ponitur in ore Iesu loquentis ad discipulos, in *Mt.* ponitur in ore Iesu Pharisaeos alloquentis, praemissis verbis « dico autem vobis », quibus in sermone montano ipse *Mt.* (5, 21-44) extollit simul oppositionem inter ea quae dicta sunt antiquis et *superioritatem novae doctrinae evangelicae.* Novitas huiusmodi et superioritas cum severitate coniuncta, elucet etiam ex verbis discipulorum Iesu v. 10 (ubi « causa » ex contextu est « rerum condicio »).

Pro nunc omisimus explicationem clausulae quae in *Mt.* v. 9 videtur exceptionem inducere, de qua postea.

C. - De *Mt.* 5, 32.

Bis, ut diximus, in evangelio *Mt.* agitur de vinculo matrimonii; primo in contextu controversiae, secundo in sermone montano, ubi textus originarius non esse videtur; et invenitur inter antitheses quae illustrant quomodo, in relatione cum Lege Moysis, « iustitia » (sensu religioso-spirituali: sanctitas, perfectio) christiana superare debet « iustitiam » Scribarum et Pharisaeorum (5, 20). Christus tamen non venit solvere Legem, sed adimplere, h. e. ad perfectionem adducere (5, 17), revelans intentiones Dei in danda Lege, quae — quoad Decalogum — reapse integra manet in Ecclesia, ita ut revera secundum Dei voluntatem observetur. Breviter: Christus docet Lege sua Deum velle non tantummodo normam dare ad actiones externas moderandas, sed conscientiam (internum hominis) respicit. Hoc sensu explicatur etiam mandatum « Non moechaberis » (5, 27-30), qua occasione *Mt.* adnectit « logion » de divortio, quod proponitur formula « Dictum est autem », aliquantulum diversa a formulis quibus aliae antitheses introducuntur (« Audistis quia dictum est antiquis », vv. 21. 27. 33; « Audistis quia dictum est », vv. 38. 43). Inde patet agi de commissura adventicia.

De divortio ergo dicitur: « Dictum est autem: *Quicumque dimiserit uxorem suam det illi libellum repudii.*

Ego autem dico vobis: Omnis qui dimiserit uxorem suam, excepta fornicationis causa, facit eam moechari (i. e. inducit in adulterium, transitu ad novas nuptias), et qui dimissam duxerit adulterat » (v. 32).

Hic clarius apparet quam alibi (in alio textu *Mt.*, in *Mc.* et in *Lc.*) omnem repudiationem secum ferre aliud « matrimonium »: ad hoc enim dabatur libellus repudii, non certe ut mulier innupta maneret. Cum ergo omne repudium causa sit adulterii, ideo non est repudiandum, i. e. matrimonium indissolubile est.

Notandum quod in *Mt.* 5, 32 unicus casus habetur in quo Christus expressis verbis abolet dispositionem formalem Veteris Testamenti (*Deut.* 24, 1) eique substituit novum mandatum, hoc quidem faciens auctoritate qua Legem imperfectam lege perfecta substituit; nova inquam lege, quae tamen intentioni primitivae Dei respondit.

Quaestio hic fit an in *Mt.* habeatur verum praeceptum vel potius « ideale catecheticum », norma iuridica an norma moralis [14].

Si non agitur de vero mandato, volunt concludere quod si quis omnia fecit ad salvandum suum matrimonium attamen inutiliter, Ecclesia potest multam misericordiam manifestare erga illum qui, non obstante sua bona voluntate, in condicione desperata invenitur. Sed notandum, praescriptionem Iesu praescriptioni Moysis opponi, tamquam legem, et quidem perfectiorem, Legi et auctoritatem auctoritati Moysis superiorem. Non igitur sermo est de « norma directiva » sed de norma adamussim observanda. Hoc modo intellexerunt verba Christi fideles inde ab origine Ecclesiae, praeeunte Paulo (*1 Cor.* 7, 10 ss.).

In Novo Testamento sermo est saepe de « mandatis » Christi a subditis regni Dei vigore legis observandis, immo religio christiana uno verbo « mandatum » (ἡ ἐντολή) definitur (*1 Tim.* 6, 14; *1 Pet.* 2, 21; 3, 2), et si a *Jacobo* (1, 25) evangelium dicitur « lex (gr. νόμος)

---

[14] Crossan, *op. cit.* pp. 30-33; G. Cereti, *op. cit.*, pp. 138-142; Ortensio da Spinetoli, *Matteo*, Assisi 1971, p. 439.

perfectae libertatis », additur tamen Christianum esse « exsecutorem operis » seu « legis » (4, 11). Agitur ergo de voluntate Christi « facienda », non de contentione (« tensione ») ut fiat.

Christus ipse loquitur de suo « iugo » et de suo « onere »; iugum quidem « suave » est et « onus leve » (*Mt.* 11, 30), quia mandata observantur spiritu filiali (*1 Jo.* 5, 4). Praeteriri enim non potest quod specificum est Novi Testamenti: ad observanda mandata, scilicet, Christus meruit nobis gratiam, vi cuius omnia possumus (cfr. *Phil.* 4, 3). Sine gratia, omnia quae Christus praecepit impossibilia evadunt, at non licet de iis quae ad oeconomiam novam pertinent loqui, quin necessitas supponatur gratiae, cui recurrere debemus.

Evangelium Christi erat in oppositione, et quidem radicaliter, cum mundo sui temporis, nec decurrentibus saeculis haec oppositio enervata est; ergo, non est evangelium mundo accommodandum, sed mundus ad evangelium elevandus. (Cfr. praeterea quae Conc. Vat. II, in Const. « *Gaudium et spes* » n. 48 de modo christiano vivendi in matrimonio dicit).

II. - Exceptiones

1. *De clausulis Matthaei*

A norma de qua disseruimus derogare videntur « clausulae » quae habentur in *Mt.* 5, 32 et 19, 9:

« Omnis qui dimiserit uxorem suam, *excepta fornicationis causa* (gr. παρεκτὸς λόγου πορνείας) facit eam moechari, et qui dimissam duxerit, adulterat » (5, 32).

« Quicumque dimiserit uxorem suam, *nisi ob fornicationem,* (gr. μὴ ἐπὶ πορνείᾳ), et aliam duxerit, moechatur » (19, 9).

Tot tantaque dicta sunt ad interpretationem harum clausularum ut fere ultra vires humanas sit omnia, etsi summis digitis, recolere. Potiora ergo dicemus. Non absque re erit iam in limine quaestionis quaedam praenotare. Attendatur P. Zerwick: « Si *Paulus* clausulas Matthaeanas novisset (vel saltem si ea ut veram exceptionem intellexisset), necessario — (in *1 Cor.*) — earum mentio facienda erat, ne Apostolus in re gravissima fideles suos libertate privaret quam ipse Dominus eis concesserat. Ergo Paulus clausulas illas aut non novit aut eas non intellexit in sensu verae exceptionis »[15].

In *Mc.* 10, 11-12 et *Lc.* 16, 18 sine ambiguitate et absolute docetur impossibilitas divortii.

In ipso *Matthaeo,* si abstrahitur a clausulis exceptivis, idem omnino habetur ac in *Mc.* et *Lc.,* immo et in Paulo, et si clausulae veram exprimerent exceptionem in lege christiana vigentem, tunc *absurdum* consequeretur, quatenus Dominus concederet libertatem uxori dimissae propter adulterium at non innocenti; haberetur praeterea *contradictio* cum affirmatione universali de adulterio in casu matrimonii cum muliere dimissa, excludens distinctionem inter uxorem culpabilem et innocentem. Praeterea, nulla haberetur ratio introducendi doctrinam illam de exceptione in sermone montano, quo Christus *perficit* Legem, cum reapse nihil aliud diceret ac iam asseclae scholae rabbinicae Shammai dicebant, nec appareret in casu qua via « iustitia » christiana qualitative abundaret prae iustitia Scribarum et Pharisaeorum.

Quoad *Mt.* 19, 9, haberetur etiam contradictio cum contextu antecedenti, ubi Christus severe et graviter abolet concessionem divortii a Moyse data; male enim explicaretur in sententia conclusiva exceptio, quae re nihil aliud esset quam mera interpretatio Legis Moysis: tolleret nempe difficultatem illius « rei foedae » de qua *Deut.* 24, 1.

Contradictio vigeret etiam cum contextu subsequenti, ubi discipuli magnam admirationem manifestant de severitate sententiae Magistri. Insuper, appellatio Christi ad primitivam intentionem divinam de indissolubilitate matrimonii suo sensu careret.

---

15 *De matrimonio et divortio in Evangelio S. Mt.*, in *Verbum Domini* 38 (1960), p. 194.

A. - Ad difficultatem clausularum solvendam, aliqui radicitus problema tollunt; dicunt enim clausulas esse *glossas* posterius in textu inductas et ideo ad doctrinam Christi non pertinere. Haec solutio ab exegetis optimae notae proponitur [16], at non videtur argumenta cogentia pro se habere, etenim clausula Matthaeana in 5, 32 legitur in omnibus codicibus graecis evangelii; in uno codice clausula *Mt.* 19, 9 deest; plures autem, ex harmonisatione cum 5, 32, loco legendi μὴ ἐπὶ πορνείᾳ legunt «παρεκτὸς λόγου πορνείας» [17].

Sistens in ipso textu, alia est interpretatio quae omnem difficultatem tollit. In quaestionem adducitur «*textus receptus*» (scl. textus qui in editionibus N. T. graeci datur) *Mt.* 19, 9, ubi, loco legendi «quicumque dimiserit uxorem suam, nisi ob fornicationem, et aliam duxerit, moechatur», legendum esset: «quicumque dimiserit uxorem suam *excepta fornicationis causa facit eam moechari*», nempe legendum sicut in 5, 32). Tunc quaestio non amplius esset de divortio neque de novo matrimonio, sed unice de «responsabilitate» viri erga uxorem dimissam praeter causam adulterii. Certe, tribus prioribus saeculis, omnes auctores christiani affirmant indissolubilitatem matrimonii absque ulla exceptione, etiam quando se referunt ad textus matthaeanos. Habentur quidem codices qui in *Mt.* 19, 9 legunt «facit eam moechari» (sicut 5, 32) at non tanti ponderis sunt ut ad normam criticae textualis quaestio solvi possit. Quod si dicatur textum receptum originem habuisse saec. IV (ut norma christiana aptaretur normae civili) tunc non explicaretur cur nullus remanserit testis lectionis praecedentis [18].

B. - Textu clausularum prout nunc est servato, plures proponuntur solutiones, quarum duo «classicae» dici possunt:

---

16 BONACCORSI, ALLGEIER, LARRAÑAGA, MILLINGTON, cfr. VATTIONI, *l. cit.*, p. 1137, n. 116.

17 Cfr. DUPONT, *op. cit.* p. 82 s.

18 Cfr. DUPONT, *op. cit.* p. 83-85; H. CROUZEL, *L'Église primitive face au divorce*, Paris 1971, p. 29 s. 383.

1) illa est quae clausulas ut vere exceptivas habet, et vocem graecam πορνεία in sensu *adulterii* interpretando, quod graece proprie est μοιχεία [19] retinet licitum adulterium ex parte viri quando dimittitur uxor culpabilis et novum matrimonium contrahitur. Est solutio quae apud Orientales dissidentes et Protestantes viget. Ad rem valent quae initio dicta sunt de consequentiis huius interpretationis relate ad contextum generalem et particularem textuum N. T. Praeterea, attendatur ad ea quae dicemus infra de sensu πορνεία. Nuperrime, aliqui catholici calculum huic interpretationi adiecerunt [20].

2) Alia solutio quae maxime divulgata erat apud interpretes catholicos usque ad nostra tempora (J. Dupont, *op. cit.*, a. 1959 illam mordicus et erudite defendit) tenet πορνείαν adulterium esse et clausulas veram exceptionem inducere, attamen *separatio* coniugum nonnisi *quoad torum et mensam* intelligi potest, quin novum matrimonium licitum fiat.

Huic interpretationi praecipue obiicitur quod πορνεία graece non idem est ac « μοιχεία » (quo technice adulterium indicatur) et verbum graecum ἀπολύειν (dimittere, vinculum frangere) non idem est ac χωρισθῆναι (cfr. *1 Cor.* 7, 10-12) i. e. se separare manente vinculo. Praeterea, institutum iuridicum separationis tori omnino ignotum erat Iudaeis quos Christus in evangelio alloquitur, quique non poterant aliter intelligere exceptionem ac in sensu scholae Shammai. Ad hoc ultimum opponitur Paulum in *1 Cor.* 7, 10 s. locutum esse de separatione tori, ideo sensu novo christiano verba Christi intellegenda sunt.

Sentientia est utique possibilis at non videtur solidam probabilitatem habere [21].

3) Nostris diebus inde ab a. 1948 quam maxime diffusa est sententia quae sub nomine J. Bonsirven ve-

---

19 Cfr. A. Humbert, *Les péchés de sexualité dans le N. T.*, in *Studia Moralia* 8 (1970) p. 149-183.

20 Cfr. L. Sabourin, *art. cit.* p. 84 s.

21 Cfr. M. Zerwick, *loc. cit.*

nit, at iam a F. X. Patrizi (a. 1844) proposita fuerat. Sunt qui hanc sententiam retineant « solutionem definitivam » (C. Spicq) aut saltem « in complesso soddisfacente » (G. Miegge, protestans)[22].

Breviter, ita *interpretatio Bonsirven* proponitur:

— « πορνεία » (lat. fornicatio) non est adulterium, sed indicat aliquod matrimonium nullum aut falsum iuxta Legem Moysis;

— « dimittere » divortium significat, h. e. libertatem concedit ineundi novum matrimonium;

Ideo exceptio quae a Jesu proponitur respicit casum illius qui vere uxor non est.

Cardo huius sententiae est in significatione vocis πορνεία desumenda ex mente iudaica (ideo quidam loquuntur de « *sententia rabbinica* » ad indicandam solutionem Bonsirven).

In evangelio *Mt.* vox graeca πορνεία adhibetur — dicitur — sensu technico in traditione rabbinica et respondet voci hebraice « *zenut* » (= prostitutio), quae tempore postbiblico significationem specificam assumpsit ad indicandum matrimonium nullum aut falsum, invalidum, aliquo modo irregulare, ita ut mulier quae unionem huiusmodi contraxerat « *zonà* » i. e. prostituta vocabatur. Agebatur nempe de unionibus quae nullae erant ex Lege Mosaica *Levitici 8, 6-18,* ubi directe vetatur coitus incestuosus et dein aliae etiam unione pseudo-matrimoniales.

De πορνεία sermo est in *Actibus Apostolorum* 15, 20. 29; 21, 25 ubi ex decisione « Concilii Ierosolymitani » quod dicitur, Christianis conversis ex paganismo, ex amore pacis cum Iudaeo-Christianis, praecipitur ut abstineant « ab immolatis simulacrorum et sanguine et suffocato et fornicatione » πορνεία ratio est, ut dixit Jacobus, quod « Moyses ... a temporibus antiquis habet in singulis civi-

---

22 J. Bonsirven, *Le divorce dans le N. T.*, Paris 1948; cfr. Id., *Le Règne de Dieu,* Paris 1957, p. 137-141. Cfr. Ortensio da Spinetoli, *Matteo,* p. 137-138.

tatibus qui eum praedicent in synagogis, ubi per omne sabbatum legitur » (v. 21). Tunc enim aderant « quidam de haeresi pharisaeorum, qui crediderant dicentes: Quia oportet circumcidi eos (nempe Ethnico-Christianos), praecipere quoque servare legem Moysi » (ibid., v. 5); hoc negavit Concilium et tantum consensit in praecipiendo Ethnico-Christianis quae nimis offensioni erant moribus iudaicis, nempe: ut abstinerent a carnibus idolis immolatis, ab esu carnium quae sanguinem adhuc continebant (sanguis enim erat sedes vitae, Domino reservatae) et a « πορνεία ». Si πορνεία esset fornicatio sensu obvio, illa prohibitio nihil haberet quod specifice mores iudaicos contradiceret (erat simpliciter contra bonos mores), proinde πορνεία illa est quae normas *Lev.* 18, 6-18 violabat (matrimonia irregularia de quibus supra).

In *1 Cor.* 5, 1 πορνεία dicitur matrimonium a quodam christiano attentatum cum uxore patris sui [23].

Obiicitur tamen non pertinere ad Iesum confirmare impedimenta libri Levitici, at responderi potest hoc fieri, etsi apparenti tantum tautologia (« si quis uxorem dimiserit excepto casu in quo de vera uxore non agitur »); reapse, agebatur de ambiguitate tollenda et de exclusione cuiuscumque evasionis.

Quia neque in lingua hebraica V. T., aramaica (Christi) neque in lingua graeca (praedicationis apostolorum et evangeliorum) exstat in usu communi vocabulum per se solum et immediate indicans « uxorem » — dicebatur simpliciter « mulier » — aut « maritum » — dicebatur « vir » — in sententia Christi vocabula illa generica intelligi possent etiam de quacumque muliere quae esset in statu « mulieris » Samaritanae: « quinque viros habuisti — dixit ei Christus — et nunc quem habes non est tuus vir » (*Io.* 4, 18). In hoc casu, dimissio mulie-

---

[23] L. Ramarason, *Une nouvelle interprétation de la « clausule » de Mt 19, 9*, in *Science et Esprit* 23 (1971), p. 247-251, intelligit πορνεία ut « unio polygami cum uxoribus secundi ordinis »; Christus absolute affirmavit indissolubilitatem matrimonii et data occasione docuit etiam unitatem eius, non minus obligantem.

ris omni culpa vacabat. Aliis verbis, exceptio Matthaei intelligi posset de quocumque *concubinatu*.

Ratio dari potest cur Matthaeus in suo evangelio clausulas exceptivas addidit: ipse enim scripsit pro Iudaeo-Christianis, quibus casus πορνείας multum intererat, quod dici nequit de Ethnico-Christianis quibus evangelia Marci et Lucae destinata erant. Isti ergo clausulam facile omiserunt. Forsan quia Matthaeus sermonem montanum Christi redegit sub forma codicis legum, exceptio illa locum principalem habebat in 5, 32 ex quo etiam in 19, 9 transiit [24].

4) Nuperrime D. Crossan [25] explicationem excogitavit, quae procedit ex theoria Bonsirven et ex iis quae dici possunt de origine Matthaeana clausularum. Autumat Auctor Matthaeum clarificationes libenter addere verbis Christi: ita 5, 3 proclamat beatitudinem pauperum *in spiritu* (*Lc.* 6, 20 simpliciter « pauperes ») et 5, 6 beatitudinem illorum « qui esuriunt et sitiunt *iustitiam* (*Lc.* 6, 21: « qui esuritis »); ita factum est ut in 5, 32 et 19, 9 clausulas exceptivas adiceret, quibus affirmare videtur principium indissolubilitatis matrimonii aptari debere circumstantiis concretis communitatis christianae sui temporis. Vidimus ex *Act. Ap.* 15, 20. 29 difficultates Iudaeo-Christianorum contra Ethnico-Christianos, exinde praeceptum Concilii Ierosolymitani abstinentiae ab iis quae in *Lev.* cap. 17-18 extendebantur etiam ad advenas in Israel. Ex hac ratione *Mt.* suis clausulis approbabit decisionem Concilii Ierosolymitani illam considerans implicite volitam a Iesu. *Mt.* habet in communi cum *Mc.* et *Lc.* absolutam prohibitionem divortii, sed suis clausulis indicare voluit quod prohibitio non debet applicari paganis matrimonio iunctis quod sub prohibitione *Lev.* 18 cadebat. Pagani huiusmodi qui desiderabant ad fidem christianam venire et vivere in pace cum Iudaeo-Christianis poterant (aut debebant?) divortium inire et novum, si voluissent, matrimonium contrahere.

---

24 A. Vaccari, *De matrimonio et divortio apud Mt.*, in *Biblica* 36 (1955) p. 151.

25 *Divorce and Remarriage in the N. T.*, *loco cit.* in nota 1.

Ageretur ergo de prima exceptione legi de indissolubilitate matrimonii facienda ex circumstantiis historicis. Non tamen — ut puto — ex hoc concluditur quod doctrina Iesu de indissolubilitate vinculi non est « rigida norma » cui communitas christiana nequeat exceptionem aut definitionem (vulgo: precisazione) facere, etiam nostro tempore.

5) Incongrue aliqui putant clausulas Matthaei intelligendas esse de adulterio et *exceptionem* veram et propriam introductam esse in verbis Christi ab evangelista in *favorem Iudaeo-Christianorum*. Aliis verbis, quia traditio iudaica concedebat, immo imponebat, divortium in casu adulterii, hoc etiam Iudaeo-Christianis agnoscebatur ius. Iesus non sibi contradiceret quia clausulae non ab Ipso veniunt sed a Matthaeo. Quod quidem esset abusus ex parte evangelistae, ex inspiratione divina qua gaudebat in scribendo evangelio, ut videtur, impossibilis.

6) Sunt autem interpretationes quae sistunt in vera significatione *particularum* quae regunt exceptionem, nempe:

παρεκτὸς « excepta » in *Mt.* 5, 32,
μὴ ἐπί « nisi ob »... in 19, 9.

Dicitur particulas istas non necessario habere sensum exceptivum, sed possibilem esse sensum praeteritivum aut inclusivum.

a) *Sensus praeteritivus*: particula graeta ἐκτός et a fortiori addito παρά indicare videtur potius « id quod extra tenetur », « id quod non est ad rem »; ideo clausulae *Mt.* sunt praeteritiones circa propositionem quam regunt, non in relatione ad verbum « dimittere » tantum. Particula παρεκτὸς regit «λόγος πορνείας, indicans exceptionem relate ad problema repudii non autem relate ad prohibitionem dimittendi mulierem.

Particula «ἐπί» cum substantivo abstracto (πορνεία) indicat circumstantiam aut condicionem μὴ ἐπὶ πορνείᾳ : est expressio adverbialis negativa, determinans integram declarationem Iesu, non autem verbum « dimittere » tantum. Sensus ergo textus *Mt.* hic est:

« Non agitur hic de casu πορνείας, de quo nullam fero sententiam »; aut: « Circa interpretationem verborum Moysis in *Deut.* 24, 1 de causa propter quam ille divortium permittit, ego nihil dico, ab illa abstraho ». Quae interpretatio innuitur ab Augustino et Bellarmino. Recentius additur quod Christus non dedit Pharisaeis completam responsionem, quam e contra praebuit discipulis suis, ut legitur in *Mc.* 10, 10-12, ita ut admirationem eorum provocaret, ut habetur in *Mt.* 19, 10-12 [26].

Fatear, si sensus particularum intelligitur hoc modo: « quidquid sit de casu πορνείας », tunc optimam haberi interpretationem. Λόγος πορνείας idem esset ac hebr. *ᶜerwat dābār* (res foeda) de quo *Deut.* 24, 1: philologice quidem res non est impossibilis. Iudaei disputabant de illo casu; Christus autem more suo, ut diximus, omnem disputationem vitabat principia adducens quae disputationes supervacaneas reddebant; ideo, ultimo dixisset: « Quidquid sit de illa « re foeda » de quam tam acriter disputatis et de qua me interrogatis (in *Mt.* 19: « quacumque ex causa ») principium regens doctrinam de vinculo matrimoniali illud est quod ab initio a Deo positum est et non licet homini divinae voluntati contradicere: quod Deus coniunxit homo non separet. Explicaretur etiam cur *Mc.* et *Lc.* clausulas non habeant quia ipsi quaèstionem non introducunt de *causa* divortii, sed de divortio in genere.

b) *Sensus autem inclusivus* particularum ille est vi cuius excluderetur divortium *etiam* in casu adulterii. Christus, se referens ad *Deut.* 24, 1, voluit revocare antiquam Legem et dicere: « Qui dimittit uxorem suam, etiam in casu adulterii vel ob aliam turpitudinem, facit eam moechari, et ideo numquam licet mulierem dimittere ». Ad sensum particulae μὴ (nisi) notetur quod legitur in ipso *Mt.* 26, 5, ubi synedrium Iudaeorum consilium iniens de Iesu dolo tenendo et occidendo, animadvertit; « Non (μὴ) in die festo, ne forte tumultus (fiat) in populo ». Ideo etiam in *Mt.* 19, 9 intelligendum: « Quicumque dimiserit

---

26 T. V. Fleming, *Christ and Divorce*, in *Theol. Studies* 24 (1963) p. 106-120.

uxorem suam — quod facere non potest etiam in casu πορνείας — et aliam duxerit moechatur ».

In *Mt.* 6, 32, particula παρεκτός biblice habere potest sensum additivum, gallice: « sans compter », « en plus de », ergo « y compris » h. e. incluso. Patet probabilitatem huius sententiae pendere ab argumentatione philologica, de qua hic disputari nequit [27].

7) *Sententia « interpretativa »* illa dicitur secundum quam clausulae *Mt.* ponendae sunt in suo immediato contextu iudaico. Christus nempe interrogatus fuit de interpretatione Legis Mosaicae *Deut.* 24, 1 in relatione cum disputatione inter scholam rabbinicam Shammai et scholam Hillel, et responsionem completam dat. Primo, contra omnes Pharisaeos, quin inter scholas distinguat, affirmat indissolubilitatem absolutam matrimonii respondere primitivae ordinationi divinae et etiam genuino desiderio Moysis, decepto a duritia cordis Iudaeorum — ideo Pharisaei sunt etiam contra Legislatorem Israel — et sic finis tentandi Christum, ex quo movebant interrogantes frustratur. Sed Christus respondet etiam formali interrogationi Pharisaeorum quia non poterat permittere interpretationem laxam Legis asseclarum Hillel et dicit interpretationem rigidiorem Shammai veriorem esse. Aliis verbis: Christus, illis qui sub Lege erant quasi sub Lege se constituens (cfr. *1 Cor.* 9, 21), declaravit vi Legis mosaicae tantummodo adulterium solvere matrimonium [28].

At male intelligitur Christum, qui in sermone montano Legem voluit adimplere, hoc est ad perfectionem adducere, Legem confirmasse adhuc brevi spatio temporis vigentem, scilicet usque ad eius mortem.

2. *Privilegium Paulinum*

Alia exceptio legi indissolubilitatis vinculi matrimonialis habetur apud Paulum in *1 Cor. 7, 12-16*. Postquam

---

27 Cfr. M. Brunec, *Tertio de clausulis divortii*, in *Verbum Domini* 27 (1949) p. 3 ss.

28 Cfr. A. Tafi in *Verbum Domini* 26 (1948) p. 18-26; T. Schwegler, *ibid.* p. 214-217.

locutus est de impossibilitate solvendi vinculum inter christianos et quidem ex ipso mandato Domini (vv. 10-11), addit: (v. 12) « Ceteris autem ego dico, non Dominus: si quis frater uxorem habet infidelem, et haec consentit habitare cum illo, non dimittat illam; (v. 13) et si qua mulier habet virum infidelem, et hic consentit habitare cum illa, non dimittat virum. (v. 14) Sanctificatus est enim vir infidelis in muliere, et sanctificata est mulier infidelis in fratre; alioquin filii vestri immundi essent, nunc autem sancti sunt. (v. 15) Quod si infidelis discedit, discedat; non est enim servituti subiectus frater aut soror in eiusmodi, in pace autem vocavit nos Deus »[29].

De casu ergo particulari, Paulus non potest recursum facere ad mandatum Domini (*ego dico,* gr. λέγω cfr. v. 10: παραγγέλλω, praecipere) attamen non agitur de iudicio mere humano. In *1 Cor.* 7, 25, etiam de virginibus dicit praeceptum (ἐπιταγὴν = iniunctio, iussio, mandatum) non habere, sed dare consilium (γνώμην = consilium rei faciendae) attamen addit: (consilium do) « tamquam misericordiam consecutus a Domino ut sim fidelis », scilicet ex gratia quam ipse habuit tamquam apostolus, ut sit consiliarius fide dignus in huiusmodi rebus. Ibidem, v. 40, consilium (γνώμη) dans viduis dicit: « puto autem quod et ego Spiritum Dei habeo », ubi ab aliquibus subintelligitur « sicut ceteri Apostoli » vel « sicut alii ex vobis qui putant charisma habere ad decidendum in hac re ». Paulus ergo logitur ex apostolica prudentia quae a Spiritu Christi illuminatur.

Corinthii proposuerant Paulo casum alicuius viri christiani (frater) qui uxorem habeat paganam, aut mulieris christianae (soror) quae maritum habeat paganum[30];

---

29 S. LYONNET, *Annotationes in priorem ep. ad Cor.,* Romae 1966 (ad usum auditorum P. I. B.) p. 113-124.

30 Sunt qui (cfr. CERETI, *op. cit.* p. 154-163), volunt extendere casum ad Christianum qui fidem amiserit, at omnino extra doctrinam Pauli, qui verbo ἄπιστος, infidelis, constanter utitur ad paganum indicandum; cfr. *1 Cor.* 6, 6; 10, 27; 14, 22-24; *2 Cor.* 4, 4; 6, 14-15.

agitur nempe de conversis postquam matrimonium ut pagani contraxerant.

Videtur Corinthios Paulum interrogantes ex mentalitate iudaica procedere; pro Iudaeis enim conversio pagani ad iudaismum omnia vincula propinquitatis solvebat et prohibebatur cohabitatio cum muliere infideli. Forsan Corinthi autumant hoc a fortiori dici posse de Christianis. Paulus tamen negat, dummodo pars infidelis voluntatem habeat cohabitandi sine contumelia Creatoris. Coniux enim paganus « sanctificatus » est, h. e. aliquo modo ad communitatem christianam pertinet. Si autem coniux paganus illis condicionibus cohabitare renuit ita ut coniux christianus secundum legem evangelicam vivere possit, tunc conceditur christiano ut discedat (gr. est verbum χωρισθῆναι, quod in *Mt.* 19, 6 et *Mc.* 10, 9 opponitur verbo συζεύγνυμι = uno iugo copulo). Ratio est: « non est enim servituti subiectus frater aut soror in eiusmodi ». An agatur de servitute cohabitandi vel potius de servitute vinculi coniugalis, ambigitur. Sunt qui putent Paulum, si voluisset negare libertatem novi coniugii, hoc dixisset sicut fecit in v. 11; alii autem recurrunt ad v. 39 ad dicendum quod Paulus debuisset libertatem illam indicare [31]. Etsi non clare loquatur, Paulus certe non admittit idem vinculum in casu generali (de prohibitione absoluta divortii) et in casu particulari (de uno coniuge pagano) et hoc est fundamentum cui Ecclesia innitur ad privilegium statuendum pro parte catholica, sive privilegium paulinum, sive, postea, petrinum.

Ratio cur datur libertas a Paulo proponitur in v. 16: « Quid enim scit, mulier, si virum salvum facies? Aut quid scis, vir, si mulierem salvam facies? » Scilicet: pars christiana potest partem infidelem retinere etiam cohabitare nolentem, in spe futurae conversionis; haec spes tamen est valde incerta ex malis dispositionibus partis

---

[31] P. DULAU, *The Pauline privilege*... in *Cath. Bibl. Quart.* (1951) p. 146-152. Notetur tamen iuxta mentem Pauli conversionem christianam non exigere castitatem perfectam extra explicitam voluntatem et ex dono speciali. Cfr. *Mariage,* in *Dict. de la Bible,* Supplém., V, Paris 1957, col. 930.

infidelis, ideo praeferenda est pax. Antiqui interpretes graeci et latini vv. 14-15 ut parenthesim habebant et v. 16 ad v. 13 referebant, hoc modo: mulier fidelis non dimittat virum infidelem ... quid enim scis *annon* virum tuum salvare poteris ex eo quod ipse iam aliquomodo « sanctificatus est » in potentia? Etiam pro J. Jeremias [32] concessio Pauli limitaretur ex obligatione missionaria coniugis fidelis et ex extimatione Apostoli circa matrimonia mixta (v. 14).

Ad modum conclusionis mentionem facimus novissimae sententiae T. Stramare [33] quae simud considerat exceptionem Matthaeanam et exceptionem Paulinam.

Putat Auctor Apostolum, contra opinionem iudaicam inter Corinthios vigentem de necessitate dimittendi coniugem infidelem ad vitandam « contaminationem » religiosam [34], proclamare abrogationem talis obligationis in favorem indissolubilitatis matrimonii, ad normam doctrinae Christi de aequalitate omnium hominum in oeconomia evangelica. Pro paganis conversis non vigebat nostrum problema de dimittendo coniuge, sed potius timor erat obligationis se separandi sicut fiebat apud Iudaeos. Novitas doctrinae Pauli in hoc est, quod « initiativa » separationis relinquitur parti non christianae.

Agitur ergo de matrimoniis mixtis, de quibus interpretanda sunt etiam quae dicuntur in *Act. Ap.* 15 de πορνεία interdicta Ethnico-Christianis. In *Mt.* 5, 32; 19, 9 de eadem re agitur. Christus, nempe, missionem suam personalem restrinxit Iudaeis, qui « filii regni » Dei erant (*Mt.* 10, 5s.; 15, 24), mandans Apostolis praedicationem evangelii gentibus (*Mt.* 28, 19). In *Mt.* ergo unice respicitur ad condicionem Iudaeorum, in quorum favore agnoscitur invaliditas matrimonii cum parte pagana, quod in Vetere Testamento ut peccatum habebatur. Quia exceptio

---

[32] *Die missionarische Aufgabe in der Mischehe* (*1. Kor.* 7, *11*), in *Abba. Studien z. neutest. Theol. u. Zeitgeschichte,* Göttingen 1966, p. 269-275.

[33] *Matteo divorzista?* in *Divinitas* 15 (1971) p. 213-235.

[34] De huiusmodi « contaminatione » cfr., in N. T.: *Io.* 18, 28; *Act. Ap.* 10, 28, deque eius abolitione: *Act. Ap.* 10, 15-28. 34 s. 45.

tali modo intellecta offendebat paganos, omittitur a *Mc.* et *Lc.* Paulus autem, ex analogia procedens, eam applicat et aptat Ethnico-Christianis. Praesentia exceptionis in *Mt.* signum esset « archaicitatis » eius evangelii.

Haec dicta sint, ut pateat quam plurimas esse vias ad exceptionem illam *Mt.* recte iudicandam, quin in dubio ponatur firmissima doctrina Christi de indissolubilitate vinculi matrimonialis, ab Ecclesia fideliter per saecula retenta.

Salvatore Garofalo

III

DE VINCULO MATRIMONII APUD PATRES *

Opiniones recentiores et observationes

Indissolubilitas matrimonii apud Patres est quaestio quae momentum habet actualissimum. Non desunt enim theologi et canonistae qui, istis ultimis annis, ideam propugnaverint, quod Ecclesia potestatem haberet dissolvendi (aut saltem declarandi soluta) matrimonia etiam rata et consummata [1]. Haud raro se referunt ad praxim quae in Ecclesiis orientalibus orthodoxis viget concedendi divortium completum in diversis casibus. Nonnulli vellent ut Ecclesia catholica romana similem praxim recipiat. Quod non esset, aiunt, nisi reditus ad antiquam praxim temporis Patrum, quam Ecclesiae orientales orthodoxae fideliter atque feliciter servaverunt, sed quam Ecclesia catholica romana paulatim dereliquit et exclusit rigorismo quodam, qui fundamentum non habet in traditione antiqua.

Non nova autem putanda est inter theologos et eruditos catholicos opinio secundum quam plures Patres dicuntur divortium cum permissione novi matrimonii concessisse, in casu saltem adulterii unius alteriusve coniugii. Saeculo XVI hanc opinionem tenuerunt Erasmus [2],

---

* Vide *Periodica* 61 (1972) 195 ss.

[1] De his opinionibus Pater U. NAVARRETE egit in suo articulo *Indissolubilitas matrimonii rati et consummati. Opiniones recentiores et observationes*, in *Periodica*, 58 (1969) 415-489 (in *De matrimonio coniectanea*, Romae, 1970, p. 441-493).

[2] *Opera omnia*, Lugduni Batavorum, 1705, VII, p. 693.

Ambrosius Catharinus [3], Andreas Alciatus [4]. In ipso Concilio Tridentino non defuerunt, qui eamdem sententiam defenderint, cum, in Sessione XXIV de Sacramento matrimonii, discussio fieret de canone VII et de forma ei danda, ne Graeci offenderentur (D.-S., 1807). Archiepiscopus Granatensis (Petrus Guerrero) enumerat concilia Eliberitanum, Arelatense et Toletanum VIII, Theodoretum, Ambrosium, Theophylactum, Epiphanium, Chromatium, Chrysostomum, Hilarium, Tertullianum, Basilium ... Omnes hae auctoritates dixisse feruntur virum propter adulterium uxoris aliam ducere posse [5]. Episcopus Segobiensis (Martinus Pérez de Ayala) huic elencho addit Origenem et Gregorium Magnum [6]. Archiepiscopo Cretensi (Petro Lando) canon VII non placet, « quia ferit Graecos et Ambrosium » [7]. Idem archiepiscopus Cretensis (vel etiam Candianus) declarat Graecos sequi institutum, « quod a Patribus fuit acceptum » [8]. Immo, episcopus Aliphanus (Iacobus Gibertus Nogueras) impavide asserit Graecos sententiam de dissolubilitate matrimonii in casu adulterii tenuisse « a temporibus Apostolorum » [9].

Non possumus hodie plane fidere eruditioni et sensui critico illorum hominum saeculi XVI. Scientiae enim historicae valde progressae sunt. Sed temporibus modernis historici catholici bonae famae non dubitaverunt quoque asserere patres Graecos IV et V saeculorum fere omnes admisisse, plus minusve aperte, divortium permissum esse in casu adulterii et virum innocentem ad

---

3 *Annotationes in commentaria Caietani denuo multo locupletiores*, Lugduni, 1542, p. 607 s.

4 *Opera*, Lugduni, 1560, II, fol. 5, n. 14 s.

5 St. Ehses, *Concilii Tridentini Actorum Pars Sexta* (Societas *Goerresiana*, IX), Friburgi Brisgoviae, 1924, p. 689.

6 Ehses, p. 656.

7 Ehses, p. 644. — Ambrosius ille, qui pluries citatur in discussionibus Tridentini, non est reverâ Mediolanensis episcopus, sed auctor commentariorum in 13 epistolas paulinas, qui a modernis vocatur Ambrosiaster (scribebat circa annos 366-383).

8 J. Le Plat, *Monumentorum ad historiam concilii Tridentini ... collectio*, VII, pars altera, Lovanii, 1787, p. 385.

9 Ehses, p. 734.

novas nuptias transire posse. Haec fuisse dicitur in specie mens Basilii, Chrysostomi, Gregorii Nazianzeni [10].

Talis tamen thesis a maiore parte auctorum catholicorum non habebatur ut vere probata. Videbatur e contra inniti interpretationi potius abusivae aliquorum paucorum textuum, quorum autem difficultas a nemine negabatur. Hi textus, ut auctores aiebant, in suos contextus reponendi erant, cum aliis clarioribus comparari debebant, et praesertim ex eis consequentiae trahendae non erant, quas ipsi Patres expresse non formulaverant. Etenim, si Patres omnes asserunt virum in casu adulterii uxorem culpabilem dimittere posse, illi generatim non dicunt virum ita separatum a muliere posse legitime novum matrimonium contrahere, ea adhuc vivente. Communis igitur opinio hactenus erat scriptores ecclesiasticos et Patres Ecclesiae priorum saeculorum, si globaliter sumuntur et si unus vel alter excipitur, velut Ambrosiaster, sat firmiter docuisse absolutam matrimonii indissolubilitatem, atque praxim Ecclesiarum orientalium orthodoxarum de divortio completo in diversis casibus concedendo non liquide apparuisse nisi a saeculo VI sub influxu Corporis iuris Iustiniani, tempore scilicet quo Ecclesia, in parte orientali imperii romani, magis magisque in dies subiiciebatur potestati caesaro-papistae imperatorum byzantinorum [11].

Sed haec sententia recentissime in dubium vocata est a non paucis articulis, libris, et etiam a certis interventibus in ipsa aula conciliaria Vaticani II factis. Scopus vero praesentis expositionis est primum scripta hac de re his ultimis annis prodita recensere, et deinde aliquas observationes subiungere, quae non intendunt controversiam solvere, sed eam forte melius illustrare.

---

[10] Sic J. Tixeront, *Hist. des dogmes,* t. 2 (1931), p. 191-192. - A. Esmein, *Le mariage en droit canonique,* 2ª éd., t. 2 (1935), p. 53-56. - E. Magnin, art. *Adultère,* in *D.D.C.* 1 (1935) 242-243.

[11] De indissolubilitate matrimonii per primum millennium iam egimus in nostro manuali *Le mariage,* coll. « Le Mystère chrétien », Tournai-Paris, 1963, p. 59-68; trad. italica, Roma, 1966, p. 59-68; trad. hispanica, Barcelona, 1969, p. 82-91.

I. Opiniones recentiores

Anno 1964, Pater A. M. Dubarle, O. P., notus exegeta, articulum edebat, ubi agebat de textibus N. T. circa divortium, praesertim de incisis Matthaei, in quibus legere posse credebat aliquam exceptionem ad legem indissolubilitatis matrimonii in casu infidelitatis coniugalis gravis et diuturnae [12]. Non tangebat directe quaestionem patristicam, sed in fine revocabat Concilium Tridentinum non voluisse, in canone eius VII de matrimonio, praxim orientalem condemnare, et concludebat duas in Ecclesia christiana exsistere disciplinas, unam quae divortium completum concedit in quibusdam raris casibus, alteram autem quae id nunquam permittit, sicut in N. T. duo sunt modi verba Christi referendi, unus in quo mentio fit de aliqua exceptione (Matthaeus), alter qui hanc exceptionem ignorat (Marcus, Lucas, Paulus). Traditio occidentalis paulo duriorem fecisset doctrinam Iesu. Sed in materia ubi exceptio quaedam, etiam legitima, portam aperire potest diversis abusibus, melius est aliquando strictiorem se praebere. Intransigentia ergo traditionis occidentalis de divortio omnino prohibendo non est error, etiamsi haec non sit unica via, qua fidelitas erga Evangelium servari potest.

In fasciculo sequenti eiusdem periodici, Dominus J. Dauvillier, professor Iuris canonici in Universitate Tolosana, publicavit quoque articulum qui, quamquam praecedentem articulum non nominabat, haberi potest ut ad eum responsio [13]. Adsunt de facto, aiebat J. Dauvillier, duae interpretationes de textibus N. T. Sed interpretatio quae dicit secundas nuptias coniugi innocenti permissas esse dum adhuc vivit coniux adulterii culpabilis, fundamentum scripturisticum validum non habet. Haec interpretatio apparet solum saeculo III cum Ter-

---

[12] *Mariage et divorce dans l'Evangile,* in *L'Orient syrien,* 9 (1964) 61-73.

[13] *L'indissolubilité du mariage dans la Nouvelle Loi,* in *L'Orient syrien,* 9 (1964) 264-289.

tulliano (*Adversus Marcionem,* IV, 34). Successum procul dubio habebit, non tantum in Oriente, ubi aliqui Patres graeci ea indulgere videntur (ut Basilius, Epiphanius), quorum mens ceteroquin exacte determinari non potest nisi post scrupulosa studia, sed etiam in Occidente, ubi ad eam refellendam S. Augustinus integrum suum tractatum *De adulterinis coniugiis* dedicavit. Attamen, loqui non licet de duabus traditionibus. Absoluta enim indissolubilitas matrimonii non est aliquod punctum disciplinae Ecclesiae occidentalis proprium, sed regula quam Ecclesia romana non dubitavit, etiam post Concilium Tridentinum, Ecclesiis orientalibus unitis imponere, quia ea, et ea sola, est reverâ iuris divini [14].

Rm. Dominus ELIAS ZOGHBY non videtur notitiam habuisse articuli Patris Dubarle, cum in IV sessione Concilii Vaticani II intervenit. Sed eius thesis sat similis est. Ecclesia romana incisa Matthaei semper interpretata est in sensu restricto, sed in Oriente, iam a primis saeculis, Ecclesia ea intellexit in favorem coniugis innocentis, cui facultas iterum nubendi recognoscebatur. Patres Ecclesiae orientalis nunquam voluerunt hunc coniugem privare tali iure. Haec traditio, quae per decem saecula unionis reprobata non fuit ab Ecclesia romana, quaeque adhuc servatur ab Ecclesiis orientalibus a Roma separatis, resumi et recipi hodie posset a catholicis [15].

Interventus Domini Zoghby factus est die 29 septembris 1965 (138ª congregatio generalis), et non parvam commotionem induxit. Die sequenti, initio 139ᵃᵉ congregationis generalis, Cardinalis Journet orationem habuit, ut responderetur. Praxis Ecclesiarum orientalium olim introducta est propter relationes tunc exsistentes inter Statum et Ecclesiam, sub influxu legis civilis, quae legitimitatem divortii et novi matrimonii admittebat in casu adulterii. Ad hanc praxim iustificandam, Ecclesiae

---

14 A. M. DUBARLE positionem suam denuo definivit in aliqua nota publicata in *Revue des Sciences philosophiques et théologiques,* 50 (1966) 599-600.

15 *La Documentation catholique,* t. 62, nº 1458 (1965), col. 1901-1904. — G. CAPRILE, *Il Concilio Vaticano II,* vol. V: *Quarto periodo, 1965,* p. 130-131.

orientales incisa Matthaei postea allegaverunt. Sed alias etiam causas admittunt. In hac materia egerunt modo magis humano quam evangelico. Qualiscumque sit usus harum Ecclesiarum, pura Evangelii doctrina de indissolubilitate matrimonii semper viguit in Ecclesia catholica, quae mutare non potest id quod pertinet ad ius divinum [16].

In exitu autem huius congregationis, Dominus Zoghby declarationem fecit ante diurnarios scriptores. Codex Iustiniani, quem Cardinalis Journet criminatur, promulgatus est versus medietatem saeculi VI, et ideo nullum habere potuit influxum in Origenem, Basilium, Chrysostomum, et alios Patres ac Doctores qui multo antea vivebant. Reverâ, legislatio huius imperatoris cum doctrina Ecclesiarum orientalium concordabat, et nil aliud egit quam codificare anteriorem praxim harum Ecclesiarum [17]. Atque die 4ª octobris, in 141ª congregatione generali, Dominus Zoghby in aula conciliaria iterum loquitur, ut mentem suam melius indicet. Nunquam in dubio posuerat principium indissolubilitatis matrimonii. Ipsae Ecclesiae orientales illud firmissime tenent, sicut et Ecclesia occidentalis. Sed in theologia « orthodoxa » divortium non est nisi quaedam « dispensatio » coniugi innocenti concessa ex sollicitudine pastorali Ecclesiae in virtute huius quod orthodoxi vocant « principium oeconomiae », seu condescensus, benignitatis et misericordiae. Proponere possibilitatem introductionis talis dispensationis inter alias dispensationes matrimoniales iam admissas ab Ecclesia catholica non est res vana, cum huiusmodi dispensatio innitatur auctoritati Sanctorum Patrum et Doctorum Ecclesiarum orientalium, quos nemo, sine temeritate, accusare potest quod humanis et politicis considerationibus indulserint in verbis Domini interpretandis [18].

Patriarcha cardinalis Maximos IV, Antiochiae Melchitarum, cuius Dominus Zoghby vicarius patriarchalis

---

16 *La Doc. cath.*, col. 1904-1905. — G. Caprile, p. 132-133.

17 *La Doc. cath.*, col. 1905-1906. — G. Caprile, p. 133, nota 14.

18 *La Doc. cath.*, col. 1906-1908. — G. Caprile, p. 139-140.

in Aegypto erat, de hac re locutus non est in aula conciliaria, sed declarationem typis edendam fecit, quam ephemeris parisiensis *La Croix* diebus 3-4 octobris 1965 publicavit. Dixit episcopum Zoghby titulo tantum personali locutum esse. Admisit praxim Ecclesiarum orientalium orthodoxarum provocare posse ad aliquos textus Patrum. Qui tamen contradicuntur textibus aliorum Patrum. Non adest ergo traditio patristica universalis et constans, quae sufficiat ad Ecclesiam catholicam inducendam ut hac in re propriam disciplinam mutet [19].

Archimandrita ATHANASIUS HAGE, Superior generalis Basilianorum S. Iohannis Baptistae Ecclesiae melchitae, studium cyclostilatum tunc diffusit, in quo tota quaestio de indissolubilitate matrimonii in disciplina Ecclesiarum orientalium primorum saeculorum investigabatur [20]. Patres mentem suam de exacta natura repudiationis ab evangelio Matthaei permissae non semper dilucide explicaverunt: agiturne de divortio perfecto, an de simplici separatione corporis? Verbum autem *divortium* non habet apud Patres sensum strictum, quem habet apud nos. Ut vero affirmetur aliquem Patrem divortium perfectum admittere, non sufficit ut dicat coniuges divortio separari posse, sed necesse est ut addat eos legitime novas nuptias inire posse, altero adhuc vivente. Tamen negari non potest, cum divortium completum lege civili permitteretur, et cum in moribus illorum temporum

---

[19] *La Doc. cath.*, col. 1906. — G. CAPRILE, p. 130, nota 8. — Posterius autem Patriarcha Maximos IV aliam declarationem fecit, in qua, dum admitteret indissolubilitatem matrimonii esse saltem indirecte definitam a Concilio Tridentino, ideoque clausam esse ad quamcumque discussionem ex parte catholicorum, dicebat tamen Ecclesiam esse moraliter obligatam ad non sibi incondicionaliter denegandum potestatem dispensandi a matrimoniis ratis et consummatis, nisi postquam denuo studuerit problemati cum adiumento commissionis mixtae (*Discorsi di Massimo IV al concilio*, Bologna, 1968, p. 434-436).

[20] *L'indissolubilité du mariage et le cas d'adultère dans la discipline matrimoniale de l'Eglise dans les premiers siècles.* Hoc studium, valde utile, datum est ex Roma die 23 novembris 1965. Perincommode, nunquam typis editum est. Ostendit non omnes Orientales catholicos interpretationem Domini Zoghby condividere.

valde radicatum esset, Patres interdum cogi potuisse ad tolerandum certas uniones iuxta hanc legem contractas, ut maiora mala vitarentur. Sed hoc non significat Patres huiusmodi uniones tanquam legi evangelicae conformes et tanquam legitimas habuisse. Atqui, examinatis praecipuis testimoniis, dici debet traditionem generalem Ecclesiarum orientalium primorum quinque saeculorum, si una autem vel duae voces discordantes excipiantur, categorice affirmare indolem indissolubilem vinculi matrimonialis, etiam in casu adulterii. Solum multo postea usus divortii invalescet sub influxu legis civilis, speciatim saeculo IX, cum diversae causae divortii, quas Novella 117 Iustiniani determinat, in Nomocanonem Ecclesiae byzantinae inductae erunt [21].

* * *

Post Concilium vero ideae a Domino Zoghby propositae evolventur in diversis publicationibus, quae haud raro eius patrocinium invocant. Primus articulus, qui chronologice citari potest, ille est Patris Olivier Rousseau, O.S.B., qui tractat de divergentia inter praxim orientalem et occidentalem, in qua notus oecumenista, director periodici *Irenikon,* non parvum obstaculum videt unioni Ecclesiarum [22]. Putat praxim orientalem repraesentare traditionem valde antiquam et constantem, cuius plures Patres testes sunt, ut Origenes, Basilius, Epiphanius, etsi eam non necessario defendant atque propugnent. Agebatur sane de quadam tolerantia. Sed Pater Rousseau existimat hanc tolerantiam ivisse usque ad agnitionem novi matrimonii ut legitimi ex parte Ecclesiae, propter

---

21 De rebus in concilio gestis circa quaestionem de indissolubilitate melior et amplior relatio invenitur in A. Wenger, *Vatican II. Chronique de la quatrième session,* Paris, 1966, p. 200-246.

22 *Divorce et remariage. Orient et Occident,* in *Concilium,* n° 24 (editionis Gallicae), 1967, p. 107-125. — Eiusdem Patris O. Rousseau, *Ehe und Ehescheidung in den Ostkirchen,* in *Die öffentlichen Sünder oder: Soll die Kirche Ehen scheiden?,* herausgegeben von N. Wetzel, Mainz, 1970, p. 94-104.

principium sic dictum « oeconomiae ». Occidens etiam suam traditionem tolerantiae habuit, cuius testis directus est Ambrosiaster, et saltem indirectus Augustinus. Pater Rousseau Ecclesiam occidentalem non proprie hortatur ut mitiorem faciat praxim suam antidivortistam. Traditio orientalis est forsan discutibilis. Abusibus occasionem praebuit, de quibus ipsi Orientales queruntur. Sed conatus studiaque necessaria sunt ut mens aliorum melius intelligatur. Et praesertim, aliis non sunt imponendae traditio et praxis, quae evolutioni theologicae et canonicae eorum Ecclesiarum non correspondent [22bis].

Scriptor autem qui magis conspicitur in quaestione, de qua agimus, est certissime Dominus VICTOR J. POSPISHIL, sacerdos et canonista dioecesis catholicae ritus byzantini Philadelphiae in Statibus Foederatis Americae. Liber eius, *Divorce and Remarriage. Towards a new catholic Teaching,* New York, 1967, in plures linguas (gallicam, italicam, hispanicam) conversus, praefatione a Domino Zoghby ornatur, in qua ille dicit quod « generationes futurae Domino Pospishil benedicent » (p. 9) [23]. Secundum Posphishil, Ecclesia antiqua non habuit divortium ut absolute prohibitum. Nullum adest documentum primorum saeculorum, quod clare et sine ambiguitate divortium excludat in casu adulterii ex parte mulieris atque simul prohibeat novum matrimonium viri innocentis (p. 43-44). Initio vir et mulier non aequales erant Ecclesiae iudicio quoad divortium et novum matrimonium, etiamsi ius civile mulieri permittebat divortium sua sponte facere et novas nuptias inire. Paulatim vero idem ius etiam mulieri Ecclesia agnovit (p. 45, 51-52).

[22bis] Ante Patrem Rousseau, Archimandrita ORESTE KÉRAMÉ iam de re egerat sub respectu oecumenico: *Oecuménisme et indissolubilité du mariage,* in *Le Lien,* Revue Grecque-Melkite-Catholique, Le Caire, vol. 31, nº 1, Janv.-Mai 1966, p. 19-24.

[23] Eiusdem Domini POSPISHIL, *The Eastern Churches and the Question of Remarriage of Divorced Catholics,* in *Diakonia* (Fordham University), 1 (1966) 302-314. Cf. J. DOUGLAS, *La tradizione orientale et l'indissolubilità del matrimonio,* in *Russia cristiana.* nº 89, 1967, p. 17-20.

Auctores catholici vocem *divortium* in antiquis textibus generatim interpretari conantur de quadam pura separatione sine possibilitate contrahendi novum matrimonium, sed simpliciter ignorant nullam legislationem antiquam, sive sit hebraica sive romana, unquam cognovisse usum similis divortii incompleti. Admitti ergo debet Patres non alludere ad tale divortium. Permittere divortium significabat solutionem totalem vinculi matrimonii cum facultate iterum nubendi. Aliunde, si Patres interdum divortium condemnant et ei adulterii notam inurunt, ex hoc non sequitur necessario quod illi habent nova matrimonia ut canonice invalida. Viri autem et mulieres qui novum matrimonium contrahebant postquam coniugem iniuste dereliquerant aut ipsi ob adulterium suum repudiati erant, per aliquot tempus paenitentiae publicae subiciebantur ab Ecclesia, et deinde ad communionem recipiebantur. Eorum novae nuptiae, etsi illicitae, in fine ut validae agnoscebantur. Theologi occidentales praxim divortii et novi matrimonii, qualis exsistit in Oriente, explicant ex quadam abdicatione Ecclesiarum orientalium erga auctoritatem civilem. Sed hoc verum non est. Patres ante omnia curabant ex sollicitudine pastorali remedia invenire difficultatibus concretis personarum. Cum aliquis conflictus surgit inter bonum individui et principia legis, dispensationes concedi possunt. Patres persuasissimum habebant quod Ecclesia, sponsa Christi, auctoritate gaudet aptandi legem universalem ad necessitatem singularum personarum. Per primum millennium res non multo differunt in Oriente et in Occidente. Solum post reformationem Gregorianam Ecclesia occidentalis admisit, saltem in theoria, omnia matrimonia sacramentalia esse omnino indissolubilia. Traditio Ecclesiae antiquae et praxis Ecclesiarum orientalium iam ignotae fuerunt propter schisma et penuriam documentorum patristicorum accessibilium (p. 45-48).

Ecclesia adhuc hodie divinam habet potestatem solvendi matrimonia etiam sacramentalia et consummata. Haec potestas continetur in potestate generali Clavium. Deberet tamen intra certos tantum limites exerceri. Ecclesiae orientales divortium permittunt ex causa adulterii. Hoc sufficiet in genere, quia, cum processus quidam matrimonialis ante aliquod tribunal ecclesiasticum defertur, non raro accidit ut coniuges iam sint separati divortio civili, utque unus saltem eorum ad alias nuptias transierit, quod constituit Ecclesiae iudicio situationem quamdam obiectivam adulterii (p. 134-135).

Reverâ, magis quam testimonia naturae directae et positivae Pospishil refert locos qui, ut ipse putat, allusiones implicitas praebent. Confitetur suum praecipuum argumentum erui « a silentio » Patrum, id est ex absentia explicitae prohibitionis divortii et novi matrimonii ubi talis prohibitio iure meritoque exspectari posset [24].

---

[24] « For the evidence derived from the Fathers is not so much of a direct and positive nature as it is an argument from silence; that is, the absence of explicit prohibition of divorce-remarriage with regard to either spouse or at least with regard to the husband where such a verdict could rightfully be expected » (p. 54). — Liber autem Domini Posphishil vario modo salutatus est. J. Bishop, *Divorce and Remarriage*, in *New Blackfriars*, vol. 49, nº 579, August 1968, p. 588-599, etsi agnoscat argumentum principale operis niti silentio Patrum, tamen aestimare videtur modum argumentandi auctoris esse sat firmum et accommodatum ad probandum (p. 593). E contra, K. T. Kelly, *Divorce and Remarriage*, in *The Month*, New Series, vol. 39, March 1968, p. 180-182, scribit Pospishil de historia agere impari modo, quod capiunt ii etiam qui specialistae non sunt. E. C. Suttner, *Divorce and Remarriage*, in periodico germanico de rebus oecumenicis *Una Sancta*, 22 (1967) 312-314, deficientias methodologicas Posphishil ita graves iudicat, ut expositio eius nisi cautissime recipienda sit. S. Tumbas, *Divorzio, sì o no?*, in *Palestra del Clero*, 48 (1969) 477-483, dicit manifestam esse fragilitatem argumenti a silentio, ad quod Pospishil constanter recurrit; non refert insuper nisi textus quos favere putat propriae thesi divortistae, et non faventes omittit; non agitur ideo de studio obiectivo. J. Douglas, *L'indissolubilità del matrimonio nella tradizione della Chiesa*, in *Russia cristiana*, anno IX (1968), nº 93, p. 35-41; nº 94, p. 24-29; nº 96, p. 14-17, librum Pospishil sine restrictione laudare videtur, sed redactio periodici in fine aliquam notam addidit, quae hanc laudem paululum temperat; operae pretium est eam integre referre: « Il libro di Pospishil, che ha avuto largo eco all'estero, affronta con coraggio un argomento attuale e delicato, rappresenta una miniera di materia esclusivamente in favore della tesi propugnata dall'autore, ma non riesce a dissipare nel lettore l'impressione di

Indissolubilitas autem matrimonii fuit unum ex argumentis symposii Societatis Iuris canonici Americae, mense octobris 1967 habiti, cuius acta anno sequenti edita sunt. JOHN T. NOONAN Jr. de legislatione imperatorum byzantinorum egit. Iustinianus, qui cum ingenii acumine studium theologiae colebat, manifesto persuasum habuit leges se ferre de divortio, quae contrariae non erant praxi communi Ecclesiae sui temporis, atque non videtur ullam oppositionem ex parte Ecclesiae invenisse propter suam legislationem. Idem dicendum est in genere de eius praedecessoribus christianis. Haec tranquilla acceptatio dissolubilitatis matrimonii in pluribus casibus lege imperatorum christianorum statutae ostendit quod, saltem inter annum 331 (Constantinum) et annum 566 (Iustinianum), non aderat adhuc in Ecclesia Patrum quaedam stabilis et definitiva doctrina de divortio et de novo matrimonio [25].

Archimandrita ANGELO ALTAN rem directe considerat sub respectu theologiae et iuris canonici orientalis [26]. « Thesis » indissolubilitatis matrimonii esset in patrologia orientali solum aliquod « theologumenon », id est aliqua « quaestio disputata », cui attribui non potest valor decretorius et vinculans in campo theologico, et multo minus in campo practico. Ideoque iam a tempore Patrum applicari potuit hac in re principium condescensus seu oeconomiae, cuius suprema lex est bonum animarum. Auctor explicat

---

una certa unilateralità. A Pospishil si rimprovera inoltre insufficienza nell'analisi scritturistica e teologica del matrimonio e della sua indissolubilità, inesattezza nelle citazioni patristiche (e nelle traduzioni), arbitrio nel contrapporre interpretazione a interpretazione, mancanza di rigore scientifico nel valutare le decisioni dei concili. Se l'opera di Pospishil risulta affrettata ed immaturata, resta il problema pastorale per la Chiesa di venire in aiuto alla crisi matrimoniale del nostro tempo valendosi di tutte le facoltà che Gesù Cristo le ha conferito per soccorrere l'umanità bisognosa » (n° 96, p. 17).

25 *Novel 22,* in *The Bond of Marriage,* Sponsored by the Canon Law Society of America, edited by W. W. BASSET, The University of Notre Dame Press, Notre Dame, Indiana, 1968, p. 41-105 (praesertim, p. 87).

26 *Indissolubilità ed oikonomia nella teologia e nella disciplina orientale del matrimonio,* in *Sacra Doctrina,* n° 49, 1968, p. 97-120.

casuisticam, sat complexam, huius disciplinae, quae recipit causas divortii ab imperatoribus byzantinis statutas, quia « Sanctissimi imperatores » Byzantii, successores Constantini, promotores et moderatores septem Conciliorum oecumenicorum, qui in acclamationibus antiquorum Synodorum « isapostoli » vocati erant, semper agniti sunt traditione orientali tanquam sacram potestatem habentes ferendi leges ecclesiasticas. In Oriente Ius Iustinianeum ut Ius sacrum habetur. Nomocanones imperiales sunt « Fontes sacrae ». Auctoris conclusio est talem disciplinam inspirari conceptione valde « mystica » matrimonii christiani, dum conceptio latina esset multo magis iuridica.

Pro parte sua, Pater R.-C. Gerest, O. P., existimat Ecclesiam occidentalem in IV et V saeculis non adhuc elegisse viam rigidiorem erga quaestionem divortii et novi matrimonii, saltem in casu coniugis ab altero iniuste derelicti [27]. Atque, secundum Patrem J. Moingt, S. I., omnes Patres IV et V saeculorum divortistae fuissent, exceptis autem Hieronymo et Augustino, qui manifeste adversantur opinioni receptae in suis propriis ambientibus (Roma et Africa). Agitur vero de iis qui de casu adulterii tractaverunt. Habent praedecessores in III saeculo: Origenem et Tertullianum. Pater Moingt agnoscit tamen scriptores ecclesiasticos II saeculi unanimiter prohibere novum matrimonium in casu infidelitatis coniugalis, sed propter plures rationes eorum testimonium vi dogmatica careret. Haec quasi unanimitas Patrum IV et V saeculorum serium argumentum traditionis praebere posset in favorem divortii [28]. Paulo magis circumspectus, William W. Bassett scribit quod traditio orientalis, romana legislatio imperatorum christianorum, diversa facta quae inveniuntur etiam in Occidente per primum millen-

[27] *Quand les chrétiens ne se mariaient pas à l'Eglise. Histoire des cinq premiers siècles*, in *Lumière et vie*, t. 16, nº 82, 1967, p. 20-22; adaptatio italica: *Mistero e problemi del matrimonio nei primi cinque secoli della Chiesa*, in *Sacra Doctrina*, nº 49, 1968, p. 48-50.

[28] *Le divorce pour motif d'impureté*, in *Recherches de Science religieuse*, 56 (1968) 339-349.

nium (exempli gratia, praxis divortii completi Paenitentialibus attestata a saeculo VII ad XI) non possunt sine difficultate haberi tantum ut simplices et meri abusus. Apparent potius ut expressiones theologiae pastoralis, quae cum sollicitudine solutiones quaerit concretas pro infirmitate humanae condicionis [29].

Sed cum articuli et libri eadem saepe referant et scientiam suam haud raro inter se mutuentur, inutile est orationem protendere de auctoribus recentioribus qui, sub una aliave forma, invenire putant in antiqua Ecclesia Patrum traditionem quamdam divortistam, ex qua vellent ut Ecclesia catholica hodierna consilium capiat [30].

* * *

Sententia autem opposita suos etiam defensores recenter invenit, etsi eorum numerus minor in comparatione apparet. Iam citavimus Professorem Dauvillier, Cardinalem Journet et Archimandritam Hage, tempore Vaticani II [31]. Post Concilium, ANTHONY J. BEVILACQUA, in

---

29 *Divorce and Remarriage. The Catholic Search for a Pastoral Reconciliation*, in *The American Ecclesiastical Review*, 162 (1970) 31-36 (Historical Studies).

30 Articulis et libris iam citatis adiungi possunt: J. MONTSERRAT-TORRENTS, *The Abandoned Spouse*, Milwaukee, 1968; M. LECLERCQ, *Le divorce et l'Eglise. Le mariage est-il toujours indissoluble?*, Paris, 1969, p. 45-56 (De saint Paul à Charlemagne. Les hésitations de l'Eglise). — J. GRÜNDEL, *Ehescheidung im Verlauf der Jahrhunderte*, in N. WEIL, etc. *Zum Thema Ehescheidung*, Stuttgart, 1970, p. 41-60. — P. STOCKMEIER, *Scheidung und Wiederverheiratung in der alten Kirche*, in *Theologische Quartalschrift*, 151 (1971) 39-51. — G. CERETI, *Matrimonio e indissolubilità. Nuove prospettive*, Bologna, 1971, p. 165-240 (La testimonianza dei Padri della Chiesa. Matrimonio e divorzio nel diritto degli imperatori cristiani. L'indissolubilità del matrimonio tra il V e l'XI secolo). — J. DAVID und FR. SCHMALZ, *Wie unauflöslich ist die Ehe? Eine Dokumentation*, Aschaffenburg, 1969, atque Inchieste IDOC, 4, *Sul divorzio*, Mondadori Editore, 1970, plures articulos iam citatos, aut posterius citaturos, collegerunt.

31 Cardinalis JOURNET interventum suum in aula conciliaria factum postea evolvit in sequenti articulo: *Le mariage indissoluble*, in *Nova et Vetera*, 41 (1966) 44-62; trad. italica: *Il matrimonio indissolubile*, coll. «Punti scottanti di teologia» 18, Roma, 1968.

XXII Conventu annuali Societatis theologicae catholicae Americae anno 1967 habito, amplam disceptationem de historia indissolubilitatis matrimonii proposuit, in qua fere omnes textus, qui quaestionem tangunt, examinavit [32]. Concludit dicens quod persuasissimum sibi est indissolubilitatem matrimonii firmiter sustineri mole evidentiae quae derivatur a Patribus, Romanis Pontificibus et Conciliis primi millennii Christianismi. Si tanta evidentia adesset in favorem divortii et novi matrimonii, quanta adest in favorem indissolubilitatis, tunc ii, qui possibilitatem suggerunt introducendi divortium et novum matrimonium, iure quidem et merito ad historiam appellare possent [33]. Agnoscit tamen quaestionem historicam de indissolubilitate vinculi matrimonialis requirere adhuc profundiorem et urgentissimam inquisitionem [34].

Pater Henri Crouzel, S. I., studium quoque Patrum resumpsit, acriore tamen spiritu, in diversis articulis [35].

---

[32] *The History of the Indissolubility of Marriage*: The Catholic Theological Society of America, *Proceedings of the Twenty-Second Annual Convention* (Chicago, Illinois, June 19-22, 1967), vol. 22, St. Joseph's Seminary, Yonkers, N. Y., 1968, p. 253-306.

[33] « It is the firm conviction of this writer that the weight of evidence from the Fathers, Roman Pontiffs, and Councils of the first millennium of Christianity strongly supports the indissolubility of marriage. If there were as much evidence in favor of divorce and remarriage as there is in favor of indissolubility, then those suggesting the possibility of divorce and remarriage would have more than a legitimate claim from history » (p. 305-306).

[34] « It is essential that the Church be able to engage in the controversy with objectivity and clarity. Unfortunately, the history of the permanence of the marital bond has been neglected. More research into this teaching is required and urgently required » (p. 306).

[35] *Séparation ou remariage selon les Pères anciens*, in *Gregorianum*, 47 (1966) 472-494; *Separazione o nuove nozze secondo gli antichi Padri*, in *La Civiltà Cattolica*, 1966, III, p. 137-157; *Les Pères de l'Eglise ont-ils permis le remariage après séparation?*, in *Bulletin de littérature ecclésiastique*, 70 (1969) 3-43; *Nuove nozze dopo il divorzio nella Chiesa primitiva?*, in *La Civiltà Cattolica*, 1970, IV, p. 455-463, 550-561; *Remarriage after Divorce in the Primitive Church: à propos of a Recent Book*, in *The Irish Theological Quarterly*, 38 (1971) 21-41.

Tandem, materiam horum articulorum collegit, evolvit et complevit in libro maximae eruditionis: *L'Eglise primitive face au divorce. Du premier au cinquième siècle* (coll. « Théologie historique » 13, Paris, 1971). Fines sibi constituit quattuor primos saeculos, quae maioris momenti sunt pro historia traditionis. Innumeros textus examinat atque discutit, eos reponendo, ut ait, in eorum contextum immediatum, attente considerando intentionem propriam locorum et habitudines mentis auctorum, vitando denique proiicere in eos mentalitatem scholasticam et canonisticam saeculorum recentiorum vel legislationem orientalem posteriorem.

In sua finali synthesi, Pater Crouzel dicit unum tantum invenisse auctorem ecclesiasticum, qui explicite profiteatur legitimitatem novi matrimonii post separationem causatam sive ob adulterium (sed in hoc casu novae nuptiae soli viro conceduntur), sive ob « infidelitatem » in sensu *I Cor.* 7, 15 (et tunc permissio datur uni vel alteri coniugi): ille est scriptor ignotus, qui communiter vocatur Ambrosiaster (p. 359). Multa rursus testimonia Patrum expresse recusant novum matrimonium sive post separationem in genere, sive post separationem propter adulterium factam (p. 360). Textus, qui saepe afferuntur tanquam *implicite* continentes permissionem novi matrimonii, sensum non habent, quem quidam eis tribuere volunt, abutendo argumento a silentio (p. 361).

Mens Patrum erat utique, quod adulterium « rumpit » seu dissolvit matrimonium (sic Origenes, Chrysostomus, Theodoretus ...). Sed huiusmodi terminus vim iuridicam et technicam non habet, qua hodie donatur. Respicit tantum communionem vitae et cohabitationem. Matrimonium adulterio exsistentialiter rumpitur, praesertim si agatur de infidelitate diuturna. Coniux innocens non solum potest, sed debet, secundum plerosque Patres, alterum dimittere, ne peccato eius communicet. Sed hoc non includit ius ad novas nuptias pro parte innocenti. Si Patres reapse putavissent novum matrimonium esse permissum, cur id nunquam clare affirmaverunt? Quis forte dicet: res erat subaudita, et fideles eam sponte capiebant.

Ubi novum matrimonium non expresse prohibetur, ibi tacite permittitur. Sed hoc gratuite supponit Patres simpliciter accepisse mentalitatem paganam ambientem, quae leges civiles romanas inspirabat; eas ipse Chrysostomus vocat « leges ab exteris conditas », « externas leges », easque divinae legi opponit (*De libello repudii*, II, *P.G.* 51, 219), cum tamen hae leges tunc temporis ab imperatoribus christianis promulgarentur (p. 362-366).

Excludendum nihilominus non est Ecclesiam quadam indulgentia uti potuisse erga personas. Aliud enim est permittere ut christianus divortiatus novum matrimonium contrahat, eique benedicere, aliud autem tolerare unionem conclusam iuxta ritus familiares vim coram legem civilem illa aetate habentes, praesertim si huiusmodi unio distrahi nequit sine magno incommodo propter responsabilitates exinde ortas. Antiqui hac in re mitius egisse forsan potuerunt, quam nos hodie agimus, in campo saltem pastorali (p. 372-374).

Dominus VICTOR J. POSPISHIL tamen non praetermisit respondere Patri Crouzel [36]. Admittit vero documenta antiqua haud raro quadam ambiguitate laborare, atque generatim non distincte exprimere approbationem novi matrimonii post divortium. Ideoque in sensu indissolubilitatis interpretari possunt a theologis qui, praeiudicio apologetico ducti, in eis reperire volunt doctrinam posteriorem Ecclesiae romanae. Sed scripta Patrum, quae plerumque exhortativam indolem habent atque promovere praesertim intendunt sublimius ideale Christianismi, non nobis praebent nisi imaginem partialem vitae concretae Ecclesiae antiquae. Interdum tantum nobis sinunt adspicere aliquid de hac vita. Testimonium Patrum igitur compleri debet aliis historicis fontibus, qui clarius ostendunt veram praxim Ecclesiae antiquae, quales sunt imprimis expressiones legislativae. Legislatio enim divortista imperatorum christianorum, promulgata tempore quo non aderat, ut hodie, separatio inter Statum et Ec-

---

[36] *Divorce and Remarriage in the Early Church*, in *The Irish Theological Quarterly*, 38 (1971) 338-347.

clesiam, sed symphonia inter eos et harmonia, melius quam scripta Patrum, speciatim horum qui in regionibus marginalibus imperii romani degebant, velut Africanus Augustinus, sincerum est speculum vitae praxisque communis ac generalis illius aetatis. Et praxis Ecclesiae fidem Ecclesiae manifestat.

II. Observationes

Lector benevolus, qui examinat argumenta auctorum recentiorum, secundum quos legitimitas novi matrimonii post divortium ab Ecclesia antiqua admissa fuisset, invaditur sensu quodam desillusionis et frustrationis. Ei enim non offeruntur in genere nisi demonstrationes magna ex parte deductas ab argumento silentii vel ab allusionibus implicitis plus minusve vagis aut incertis. Exempli gratia, legat quis attente enormem appendicem, in quo Dominus Pospishil collegit et discussit « maximum numerum textuum possibilem », ut ipse ait, ad thesim probandam, quae in corpore operis eius *Divorce and Remarriage* exponitur. Sine difficultate videbit quantum intervallum sit inter hanc thesim et rationes historicas, quibus ea inniti supponitur [37]. Quando autem excellens cultor scientiae patristicae, velut Pater Crouzel, eosdem textus analyzat et ad conclusiones prorsus diversas pervenit, tunc ei respondetur documenta antiqua generatim esse ambigua, non expresse approbare novum matrimonium post divortium, ansam praebere posse oppositis in-

[37] Res bene notatur a Patre M.-M. Labourdette, qui tamen inclinatus videtur ad thesim Domini Pospishil acceptandam. « A l'avance il [Pospishil] s'appuie tellement sur le dossier qui doit suivre qu'on aurait cru celui-ci mieux fourni et plus fort ». Atque Pater Labourdette Domino Pospishil exprobrat quod infirmet potius quam confirmet argumentum desumptum ex persuasione et praxi « massiva » (!) Ecclesiarum orientalium, allegando « des textes peu clairs et des faits ambigus » (*Revue Thomiste*, 11 [1971] 118). Sed Dominus Pospishil fecit quod potuit. Si non attulit nisi textus parum claros et facta ambigua, ratio est forsan quia meliora inveniri nequeunt.

terpretationibus, probationem exsistentiae traditionis divortistae non esse directe quaerendam in ipsis textibus Patrum, sed in aliis fontibus, ex quibus citatur sola legislatio Imperatorum christianorum, quae melius ostenderet quam scripta Patrum veram praxim illius aetatis, ideoque fidem Ecclesiae... Quomodo lector non se sentiret deceptus?

Quidquid sit, theologus et canonista catholicus timere non debet ne comperiat quamdam praxim divortistam exstitisse in antiquitate christiana. Iudicio nostro, sed errare humanum est, talis praxis exsistere potuit, et de facto probabiliter exstitit. Quod aperte et sincere agnoscit etiam Pater Biagio Russo, S. I. [38]. Huius praxis ipsi Patres aliquando testes indirecti sunt. Ita, bene notus est locus ubi Origenes loquitur de quibusdam Ecclesiae rectoribus, qui mulieri, vivente viro, nubere permiserant. Deplorat eorum modum agendi, quem dicit esse legi Scripturae contrarium, etsi tamen concedat hos episcopos id fecisse « non omnino sine ratione », et « ad vitanda peiora » [39]. Saeculo sequenti, Iohannes Chrysostomus, in homilia sic dicta *De libello repudii,* exclamat: « Oro, obsecro et supplico, ne viri mulieres eiiciant, neque mulieres viros relinquant » [39bis]. Sonus eius orationis, alte pastoralis, evidenter se refert, ut observat Pater Russo, ad aliquam situationem pertinacem et conturbantem. Sed paucitas talium allusionum et indoles eorum vaga non sinunt aestimare amplitudinem huiusmodi praxis, quae autem pluribus rationibus explicari potest.

Principium enim divortii radicatum erat in moribus mundi pagani. Homini antiquitatis graeco-romanae matrimonium absolute indissolubile res inconcepibilis erat. Mentalitas alicuius temporis non uno die immutatur. Mundus antiquus gradatim tantum christianus factus est, nec unquam complete. Multi christiani servare po-

---

[38] *Divorzismo e antidivorzismo nel precodice della Chiesa,* in *Rassegna di Teologia,* 10 (1969) 231-237.

[39] *Com. in Matth.,* 14, 23, *P.G.* 13, 1245; *G.C.S.* 10, 340-341.

[39bis] *Hom. de libello repudii,* II, 3, *P.G.* 51, 222.

tuerunt suas veteres conceptiones etiam post conversionem suam, plus minusve profundam et sinceram, ad Christianismum, praesertim quando is, inde a Constantino, elevatus est ad statum religionis publicae, nisi obligatoriae, imperii romani.

Altera ex parte, Ecclesia non adhuc elaboraverat ius proprium et completum de matrimonio, neque adhuc sibi vindicabat iurisdictionem exclusivam in matrimonia fidelium, qui secundum consuetudines familiares et leges civiles nubebant. Quod aliqui eorum legibus civilibus de divortio permisso uti etiam voluerint, quid mirum?

Legislatio imperatorum christianorum testatur sane, indirecte saltem, exsistentiam alicuius praxis divortistae inter christianos aetatis patristicae. Sed hanc legislationem non debet quis fallaciter interpretari. Imperatores christiani legiferebant non solum pro christianis, sed etiam pro paganis et iudaeis, qui numerosi erant in imperio romano, ubi paganismus, etsi debilitatus et vexatus, supravixit in omnibus classibus societatis usque saltem ad saeculum septimum. Si legislatio imperatorum christianorum non excludit principium divortii, certas tamen innovationes introducit, quae pro scopo habent reddere eius exercitium difficilius et strictius. Inde a Constantino divortium unilaterale punitur nisi ex certis, determinatis, gravibus causis efficiatur. Forma necessaria ad validitatem divortii primum in iure romano inducitur a Theodosio II et Valentino III. Tandem Iustinianus prohibet divortium communi consensu et causas reducit ad sex ob quas licet marito divortium efficere, dum reducuntur ad quinque pro uxore. Cur autem Ecclesia publice sese opponere debuisset huic legislationi, quae conabatur, ratione habita de temporibus et moribus, libertatem divortii cohibere et limitare, quantum fieri poterat? Sed quam perangusta erat possibilitas huius limitationis, apparet ex eo quod, anno sequenti mortem Iustiniani, liceitas divortii mutuo consensu restituitur ab imperatore Iustino II, qui, ut ipse declarat, valde optavisset prohibitionem sustinere, attamen non potuit non cedere instantiis contrariis (Novella 140, praef.)[40]. Etiamsi voluissent, imperatores christiani non potuissent indissolubilitatem matrimonii imponere diversis civibus et subiectis imperii sui. Legislatio eorum, strictior quam legislatio romana classica, contenta est manere realistica. Id autem nihil nos docet de fide Ecclesiae illorum temporum.

Ecclesia usa est certissime indulgentiâ erga certas personas, quae in difficilibus et angustiis situationibus erant. Sic, episcopi in Concilio Arelatensi coadunati (anno 314), tractantes de casu horum « qui coniuges suas in adulterio depraehendunt, et idem sunt adulescentes fideles et prohibentur nubere », statuunt « ut, quantum possit, consilium eis detur, ne alias uxores, viventibus etiam uxoribus suis licet adulteris, accipiant », quin sermo sit de poenis eis iniungendis si hoc consilium audire nolunt[41]. S. Basilius paenitentiam canonicam non imponit viro a propria uxore derelicto et cum alia muliere viventi, neque istam punit tanquam adulteram, atque consequenter ambos forsan admittit ad communionem, quin exigatur ab eis ut cohabitationem interrumpant[42]. Attamen concedi debet exempla huius indulgentiae tempore Patrum, quae nobis saltem nota sunt, esse potius rara[43]. Non sinunt iudicare de amplitudine et frequentia, quas talis modus agendi ex parte episcoporum habere potuit.

---

40 De divortio tempore postclassico, videas O. ROBLEDA, *Divortium. Ius romanum et theoria generalis*, in *Periodica*, 58 (1969) 398-395 (in *De matrimonio coniectanea*, Roma, 1971, p. 699-705).

41 Can. 11; C. MUNIER, *Concilia Galliae A. 314 - A. 506*, in *C.Chr.* 148, p. 11.

42 *Epist. can. Ia ad Amphilochium*, 188, can. 9, *P.G.* 32, 677: « Qui autem relictus est, dignus est venia, et quae una cum eo habitat, non condemnatur ».

43 Optimum exemplum « indulgentiae » esset textus saepe citatus S. EPIPHANII, *Panarion*, haer. 59, si correctiones textuales ab editore moderno K. HOLL introductae (*G.C.S.* II, 368, linea 12 s.) retineri possent. Quod tamen non videtur. Hac de re videas H. CROUZEL, *L'Eglise primitive face au divorce*, p. 221-229, et C. RIGGI, *S. Epifanio divorzista?*, in *Salesianum*, 33 (1971) 599-666.

Tandem, ipsa doctrina christiana de matrimonii indissolubilitate non erat forsan inde ab initio, sicut accidit in aliis materiis theologiae moralis et dogmaticae, tam perspicua, explorata et definita quam aliquando putatur. Omnia non erant necessarie omnibus omnino clara. Apud multos adesse potuerunt incertitudines, quae sufficienter explicantur obscuritate aliquorum textuum Scripturae. Ita, presbyter Amandus (idem forte qui erit postea Burdigalensis episcopus) a S. Hieronymo quaerit « utrum mulier relicto viro adultero, et sodomita, et alio per vim accepto, possit absque paenitentia communicare Ecclesiae, vivente adhuc eo quem prius reliquerat » [44]. Hieronymus negative respondet (atque ista mulier secundo viro non copulari amplius debebit a tempore suae paenitentiae). Amandus autem rem dilucide ex seipso non perspexerat. Pollentius, qui si non erat episcopus, ut quidam dicunt, erat saltem presbyter, putat in casu adulterii divortium cum novo matrimonio licitum esse sive viro sive uxori, etsi personaliter mulieri innocenti consulat ut potius non iterum nubat. S. Augustinus ei respondet in suo tractatu *De coniugiis adulterinis*, ubi asserit et fuse probat doctrinam contrariam. Abusive sane dicitur Pollentium defendisse opinionem tunc temporis vigentem in Africa contra innovationes doctrinales Augustini. Obiectiones enim Pollentii, quae sunt scripturisticae, et quae manifeste diriguntur contra disciplinam communiter in usu, testatur reverâ ipsam exsistentiam huius disciplinae. Sed Pollentii difficultates ab aliis condividi poterant, atque amplitudo responsionis Augustini ostendit quam necessarium esset tales difficultates diluere. In suis tamen *Retractationibus*, II, 57, Augustinus sibi quaerit utrum enodatissime solverit hanc difficillimam quaestionem exegeticam de separatione in casu adulterii [45].

---

44 *Epist.* 55, 3, *P.L.* 22, 562; *C.S.E.L.* 54, p. 486.

45 *P.L.* 32, 653. — De doctrina Augustini videas M.-F. BERROUARD, *Saint Augustin et l'indissolubilité du mariage. Evolution de sa pensée*, in *Studia Patristica*, vol. 11 (T. U., 108), Papers presented to the Fifth Internat. Conference on Patristic Studies

Si pastores et viri ecclesiastici rem non semper praeclare perspiciebant, quanto magis haesitare poterant simplices fideles. Fabiola priorem virum dimiserat, cuius vitia nec sunt narranda, et, adhuc valde iuvenis, alio nupserat, sicut Hieronymus refert, « quia persuaserat sibi, et putabat a se virum iure dimissum, nec Evangelii vigorem noverat, in quo nubendi universa causatio, viventibus viris, feminis amputatur ». Hodie talis ignorantia « Evangelii vigoris » in aliqua persona eiusdem educationis et culturae quam Fabiola aegre crederetur. Manet tamen factum, quod Fabiola, « post mortem secundi viri in semetipsam reversa », recipitur in ordine paenitentium et paenitentiam publicam agit in Basilica Lateranensi, « tota urbe spectante Romana » [46]. Novum ergo matrimonium post divortium, vivente adhuc priore coniuge, communiter saltem reputabatur in Ecclesia romana tunc temporis (fine IV saeculi) tanquam culpa gravis.

Supposita autem et etiam admissa exsistentia alicuius praxis divortistae inter christianos primorum saeculorum, quid inde erui potest? Praxis cuiusdam aetatis non est necessario regula et criterium pro praxi posteriorum aetatum. Servitus, ut divortium, erat radicata in moribus antiquitatis. Acceptabatur a christianis primorum saeculorum sine difficultate. Legislatio imperatorum christianorum servitutis condicionem regit, ordinat, et de ea loquitur tanquam de re quae problema non ponit. Haec legislatio non videtur suscitavisse ullam protestationem ex parte Ecclesiae. Quis tamen, tali antiquae praxi innixus, auderet hodie defendere liceitatem servitutis [47]?

Quaestio sane de solubilitate matrimonii est magis complicata quam illa de servitute. Theologi enim docent praxim Ecclesiae normativam esse in materia cultus et sa-

---

held in Oxford 1967, Part II, ed. by F. L. Cross, Berlin, 1972, p. 291-306.

[46] *Epist.* 77, ad Oceanum, de morte Fabiolae, *P.L.* 22, 691-692.

[47] Ipse John T. Noonan Jr id bene notat et agnoscit: *Novel 22*, in *The Bond of Marriage*, p. 85.

cramentorum. Sed talis praxis esse debet universalis et constans, necnon manifesta et comperta. Atqui de aliqua praxi divortista inter christianos primorum saeculorum pauca, paucissima reverâ scimus. Haec praxis suspicatur magis quam probatur. Deducitur praesertim ex indirectis testimoniis. Agebaturne de consuetudine sat diffusa et continua, an tantum de factis sporadicis? Inveniuntur certe aliqua exempla « indulgentiae » ex parte Ecclesiae, sed, pro dolor!, in documentis saltem quae supersunt, rarissime apparent, ut iam dictum est, et eorum sensus non est praeclarus. Agebaturne de positiva permissione novi matrimonii, an de quadam simplici tolerantia practica? Neque aedificandum erit validum argumentum patristicum traditionis super istas haesitationes, interrogationes, opiniones singulares, quarum aliquando directe aut indirecte testes sunt scriptores antiqui, maxime si ratio habetur de textibus qui indissolubilitati absolutae matrimonii favent. Affirmationes clarae S. Hieronymi et S. Augustini pluris valent quam dubia Amandi et Pollentii [47bis].

* * *

Post aetatem patristicam, in Occidente diversa documenta testantur quidem in certis regionibus (Britan-

---

[47bis] Memorare expedit antiquissimum documentum nobis notum, quod ex professo consideret hypothesim separationis propter adulterium, inveniri in libro qui dicitur *Hermae Pastor* (100/150). Atqui, secundum *Pastorem*, vir innocens dimittere debet uxorem culpabilem, si ea « permanet in fornicatione sua », secus ille « particeps fit peccati eius et socius adulterii eius ». Sed postea iterum nubere non debet. « Sin vero uxore dimissa aliam duxerit, et ipse adulterium committit ». Tandem, si mulier « paenitentiam egerit et ad maritum suum reverti voluerit », vir eam recipere debebit. Id valet conversim de uxore innocenti erga virum culpabilem (Mandatum IV, 1, 4-8; F. X. FUNK, *Patres apostolici*, ed. 2ª, I, p. 474-476: *Sources Chrét.* 53, p. 154). Sat gratuita autem apparet affirmatio, quod ageretur ibi de consilio, ut dicit POSPISHIL: « Rather than a legal norm, it is more an advice to people who aim at higher ideals » (*Divorce and Remarriage*, p. 142). Nam difficile intelligitur, quomodo is « adulterium » ipse committeret, qui merum ideale non adimpleret.

nia, Gallia) disciplinam valde largam; divortium enim completum permittitur pluribus casibus. Ita libri paenitentiales, et in specie « paenitentiale » Theodori Durovernensis (Canterbury, † 690), atque nonnulla concilia particularia, ut Compendiense (Compiègne, 757) et Verberiense (Verberie, 758-768). Res nota et certa est [48]. Alia tamen concilia, ut Foroiuliense (Friuli, 796), Parisiense (829), Nannatense (Nantes, 896-900), Ingelheimense (Ingelheim, 948), reactionem contra hanc disciplinam ostendunt, atque decisiones firmiter ferunt de absoluta indissolubilitate matrimonii. Primi scholastici et canonistae saeculi XII discussionem vero instituent de momento in quo matrimonium fit absolute indissolubile. Utrum sit inde a manifestatione consensus (Petrus Lombardus et schola Parisiensis), an tantum a copula carnali seu consummatione (Gratianus et schola Bononiensis), non concordant. Sed nullo modo in dubium vocant principium ipsum indissolubilitatis absolutae. Saeculo denique XIII, explicita agnitio indolis proprie sacramentalis matrimonii inter christianos influxum certissime non parvum habebit ad doctrinam istam confirmandam et illustrandam. Sicut indissolubilis est sacra et sancta unio Christi cum Ecclesia, ita et eius imago, matrimonium scilicet christianum. Sed cur haec reactio et, si quis mavult, haec evolutio intellegi deberet ut manifestatio rigorismi caeci, et non potius ut altior apprehensio alicuius veritatis intime connexae sanctitati matrimonii christianorum?

In Oriente, econtra, res alia via evolventur. Novella 117 imperatoris Iustiniani, cum causis ibi statutis, transibit in compilationem canonum, quae vocatur *Nomocanon* XIV titulorum, elaborata, ut videtur, a Patriarcha Photio, anno 883 [49]. Divortium igitur completum, pro pluribus causis, inde saltem a saeculo IX partes iam habet officiales in legislatione canonica orientali [50]. Ceteroquin,

---

48 Videas manuale nostrum *Le mariage,* p. 67-68.

49 Tit. XIII, cap. 4, *P.G.* 104, 908-909.

50 Influxus legislationis civilis in doctrinam canonicam Ecclesiarum orientalium orthodoxarum de divortio non est tantum argumentum malae fidei a catholicis elucubratum. Archipresbyter

elenchus causarum divortii longior paulatim fiet, praesertim inde a saeculo XVI [51].

Divergentia inter praxim orientalem et occidentalem sollicitare sane debet cogitationem theologi et canonistae latini. Sed praxis orientalis non est forsan tam clara et firma quam aliqui recentiores apologetae divortii putare videntur. Archipresbyter Elie Melia agnoscit quod unanimitas non est totalis inter orthodoxos circa possibilitatem contrahendi novum matrimonium post divortium, primo coniuge adhuc vivente. Opinio negativa a nonnullis sustinetur, etsi haec opinio marginalis maneat [52].

---

orthodoxus ELIE MELIA scribit: « L'Eglise orthodoxe, il vaut mieux dire les Eglises orthodoxes, ont institué des procédures canoniques de divorce et acceptent de remarier les divorcés dont le mariage antérieur est déclaré dissous. Il s'agit, je le maintiens pour ma part, d'un héritage venu du dehors, du Droit romain codifié par les empereurs Théodose et Justinien, et que l'Eglise dut accepter lorsqu'elle s'allia étroitement avec l'Empire, à partir de Constantin le Grand » (*La pastorale du mariage dans l'Eglise orthodoxe*, in *La vie spirituelle*, 121 [1969] 591). Cf. etiam auctor protestanticus N. VAN DER WAL, *Aspects du développement du Droit et de la Doctrine: l'influence du Droit séculier sur la conception du mariage dans l'Eglise d'Orient*, in *Concilium*, nº 55 (editionis gallicae), 1970, p. 71-76.

[51] Hodie, in Ecclesia orthodoxa Graeciae, divortium pronuntiatur a tribunali civili, et iudicium notificatur episcopo, qui tunc matrimonium declarat solutum, iuxta Archimandritam orthodoxum NECTARIOS CHATZIMICHALIS, *Pratique pastorale de l'Eglise de Grèce à l'endroit du mariage et du divorce*, in *Revue de Droit canonique*, 17 (1967) 339. Addit: « Voici les causes de divorce selon la statistique du bureau du Tribunal de première instance de Thessalonique jusqu'en 1960. La première cause des divorces accordés est celle que les textes qualifient d'une manière un peu vague d'incompatibilité d'humeur ou d'impossibilité de vivre en commun (assimfonia charaktiron). En second lieu l'abandon malveillant du domicile conjugal par l'homme ou par la femme et enfin l'adultère. Mais de 1960 à 1965, les causes qui viennent en tête sont l'indépendance revendiquée par la femme et la répulsion intime manifestée par elle à l'encontre de son conjoint » (p. 342).

[52] *Le lien matrimonial à la lumière de la théologie sacramentaire et de la théologie morale de l'Eglise orthodoxe*, in *Le lien matrimonial*, Colloque du Cerdic, Strasbourg, 21-23 mai 1970, publié par R. METZ et J. SCHLICK, Strasbourg, 1970, p. 185. —

Nec adest unanimitas de modo quo fit divortium. Non agitur, ut videtur, de actione qua Ecclesia solveret ipsum vinculum matrimoniale vel ab eo « dispensaret » (talis terminologia saltem non invenitur generatim apud auctores orthodoxos). Quidam quaestionem divortii totam ponunt sub principio « oeconomiae ». Divortium esset quaedam tolerantia misericordiosa ex applicatione indulgentiore regularum. Haec derogatio fit ad maius malum vitandum aut ad maius bonum fovendum [53]. Alii autem asserunt divortium non pendere, regulariter saltem, ex principio oeconomiae. Communitas coniugalis in certis casibus destrueretur et ex seipsa se dissolveret [54]. Eccle-

---

Idem Archipresbyter orthodoxus factum sequens narrat: « Récemment, l'évêque de Florina, Mgr Augustin Kandiotis ayant déclaré qu'il n'accorderait aucun divorce, souleva un tollé général, surtout de la part des avocats de sa ville. Il les convoqua à son palais épiscopal et leur proposa de prendre l'évangéliaire placé sur la table du salon et de le fouler aux pieds. Devant leur refus étonné il leur déclara qu'en réclamant le divorce, ils voulaient l'acculer au même sacrilège. Voilà un témoignage concret et actuel; il y en a bien d'autres évidemment, il faut les prendre également en considération » (*La pastorale du mariage dans l'Eglise orthodoxe*, in *La vie spirituelle*, 121 [1969] 592).

53 Sic, PAUL EVDOKIMOV dicit: « La doctrine des Pères sur l'indissolubilité du mariage en fonction de sa réalité sacramentelle est très ferme, mais l'Eglise admet une tolérance et c'est le principe de *l'économie*. A côté de *l'acrivie*, application inconditionnelle des règles, l'économie est une dérogation... pour provoquer un plus grand bien ou pour éviter un plus grand mal... L'Eglise laisse ainsi une porte ouverte à la miséricorde prévue par Jésus » (*La grâce du sacrement du mariage selon la Tradition orthodoxe*, in *Parole et Pain*, nº 35-36, 1969-1970, p. 392). Similiter E. MELIA in *Le lien matrimonial*, p. 185, 193.

54 Episcopus L'Huillier (Pierre de Chersonèse) scribit: « La discipline canonique de l'Eglise orthodoxe sur le divorce ne relève nullement d'un simple empirisme: on ne saurait donc affirmer qu'elle ressortit au domaine de l'économie, c'est-à-dire d'une inapplication par condescendance des règles du droit strict. Cela ne signifie pas... qu'on doive exclure a priori tout recours à l'économie, mais il est bien certain que cette discipline se rattache à une doctrine générale du mariage ». Causae iustae divortii sunt eae quae reduci possunt, directe vel per analogiam, ad duas categorias fundamentales, quae implicant in se rupturam communitatis coniugalis, adulterium scilicet et absentia definitiva (*Le*

sia tunc contenta est constatare quod matrimonium iam desivit exsistere, atque permissionem dat transeundi ad novas nuptias [55].

Ceterum, differentia inter istas duas sententias videri potest quaestio potius terminologiae. Nam Orthodoxi qui divortium iustificant principio oeconomiae, applicationem huius principii in casu divortii finaliter praesentant tanquam interventum quo Ecclesia recognoscit ac testificatur matrimonium non subsistere, et ex misericordia coniuges declarat liberos [56].

Quod tandem attinet ad ipsum principium « oeconomiae » generaliter sumptum, non facile determinatur quae sit exacte eius notio in theologia et iure canonico orientali. Doctrina hac de re, valde complexa, debet forte adhuc diligenter inquiriri ex parte Orthodoxorum. Id autem a quibusdam libenter admittitur [57].

---

divorce selon la théologie et le droit canonique de l'Eglise orthodoxe, in *Messager de l'exarchat du Patriarche Russe en Europe Occidentale,* nº 65, 1969, p. 25-36). Eiusdem auctoris, *Un point de vue orthodoxe à propos du divorce,* in *Divorce et indissolubilité du mariage.* Congrès de l'Association de théologiens pour l'étude de la morale (Chevilly-la-Rue, 18-20 septembre 1970), Paris, 1971, p. 121-124.

55 ALEXANDER SCHMEMANN rem ita explicat: « The marriage *is* indissoluble, yet it *is* being dissolved all the time by sin and ignorance, passion and selfishness, lack of faith and lack of love. Yes, the Church acknowledges the divorce, but she *does not divorce!* She only acknowledges that here, in this concrete situation, this marriage has been broken, has come to an end, and in her compassion she gives permission to the innocent party to marry again » (*The Indissolubility of Marriage*: *The Theological Tradition of the East,* in *The Bond of Marriage,* edited by W. W. BASSETT, Notre Dame, Indiana, 1968, p. 104).

56 « Le 'divorce' se place *après* la catastrophe conjugal et n'est qu'un acte de constation, l'Eglise ne divorce pas car il n'y a plus matière à divorce, elle prend acte de la destruction accomplie », dicit P. EVDOKIMOV in articulo supra citato, ubi tamen divortium coniungit cum principio oeconomiae (p. 292-293). Cf., eiusdem auctoris, *Sacrement de l'amour. Le mystère conjugal à la lumière de la tradition orthodoxe,* Paris, 1962, p. 262. Similiter E. MELIA: « L'acte de divorce ne fait que constater et entériner un état de fait » (in *Le lien matrimonial,* p. 187).

57 « La doctrine orthodoxe de l'économie n'a pas encore été formellement explicitée », confitetur E. MELIA (in *Le lien ma-*

Theologi orthodoxi haud raro concedunt praxim divortii in Ecclesiis orientalibus ansam praebere posse diversis abusibus[58]. Sed cur haec praxis, in se considerata, non esset ipsa aliquis abusus? Ecclesiae orthodoxae sunt sane pars valde venerabilis et importantissima Ecclesiae universalis. Particulares tamen Ecclesiae interdum errare possunt in aliquibus rebus, in eis speciatim quae ad vitam moralem et practicam spectant. Diuturnitas cuiusdam praxis, etiam millenaris et diffusioris in certis Ecclesiis particularibus, non est necessarie idonea cautio eius veritatis et legitimitatis, praesertim cum alia pars Ecclesiae universalis praxim contrariam firmiter sequitur.

PIERRE ADNÈS, S. I.

---

trimonial, p. 196). Ita quoque K. DUCHATELEZ, O. Praem.: « Certes, le principe économique est toujours explicitement présent dans l'Eglise orthodoxe... Mais l'Eglise orthodoxe elle-même ne s'en est pas encore donné une vision cohérente » (*La notion d'économie et ses richesses théologiques,* in *Nouvelle revue théologique,* 92 [1970] 267). Archiepiscopus orthodoxus Atheniensis JÉRÔME KOTSONIS, in suo libro *Problèmes de l'économie ecclésiastique* (trad. fr. par l'Archimandrite P. DUMONT, O. S. B.), Gembloux, 1971, agnoscit affinitatem originariam *oeconomiae* orthodoxae et *dispensationis* latinae, etsi hodie differunt in sua forma. « Il est évident que l'Economie et la *dispensatio* sont parties des mêmes principes, sauf qu'au cours des âges elles ont pris une forme différente » (p. 94). « La *dispensatio* fut soumise à une juridiction rigoureusement déterminée, tandis que l'Economie conserva la liberté et la souplesse que toutes deux possédaient à l'origine » (p. 200). Sed auctor nullam facit mentionem de divortio in paragrapho quae matrimonio dedicatur (p. 187-189).

[58] Sic, episcopus L'HUILLIER, in *articulis citatis,* passim. Archipresbyter MELIA, pro parte sua, criticam instituit de notione orthodoxa « divortii ecclesiastici ». « L'Eglise orthodoxe, ait, ne doit plus prêter le flanc au grave reproche de cautionner le divorce » (in *Le lien matrimonial,* p. 190-191).

IV

DE VINCULO MATRIMONII IN THEOLOGIA ET IURE CANONICO

Suppositis lectionibus praecedentibus de vinculo matrimoniali in iure romano, in Novo Testamento et apud SS. Patres, prosequemur evolutionem historicam problematis in suis lineis fundamentalibus, peculiarem attentionem praestantes, ut par est, quaestioni de indissolubilitate matrimonii rati et consummati.

Doctrina de absoluta indissolubilitate matrimonii rati et consummati supponit doctrinam — vel saltem intimam connexionem cum ea habet — circa tres quaestiones valde difficiles et complexas, scilicet: 1) circa processum dynamicum formationis seu constitutionis vinculi matrimonialis; 2) circa sacramentalitatem matrimonii christiani; 3) circa consummationem matrimonii.

Unaquaeque ex his tribus quaestionibus, praesertim duae priores, in se consideratis, — id est independenter ab earum relatione in ordine ad doctrinam de indissolubilitate matrimonii rati et consummati — continent problemata difficillima, quae non nisi arduo labore reflexionis philosophico-theologicae per saecula protracto, solutiones, diverso quidem gradu certitudinis philosophicae vel theologicae praeditas, invenerunt, nec omnia pari gressu evolutionis historicae ad eumdem gradum maturitatis pervenerunt.

Hodie oppugnatur vel in dubium vocatur principium indissolubilitatis matrimonii rati et consummati, negando vel in dubium vocando plures ex illis solutionibus — circa unamquamque ex tribus quaestionibus recensitis — quae uti pacificae et adquisitae reputabantur. Generatim tamen attentio defigitur unilateraliter in illis difficultatibus quae singulae ex his quaestionibus continent, absque sufficienti consideratione ad totum problema in tota sua intrinseca complexitate perspectum, saepe etiam non satis distinguendo ea quae sunt prorsus certa in ordine philosophico vel in ordine theologico, ab illis quae in utroque ordine sunt adhuc aperta liberae discussioni.

Hinc est quod sub specie profundioris reflexionis omnia in dubium vocentur et quidem cum exiguo progressu vere scientifico, cum magna confusione idearum, praesertim in illis qui non nisi culturam philosophico-theologicam communem, seu non specializatam, possident, necnon cum magno detrimento populi fidelis, cui doctrina, quae uti certa retinebatur, sanctitas et firmitas matrimonii ac familiae labefactari videntur.

Iam vero, cum doctrina quae uti pacifica et prorsus certa habebatur usque ad hos recentissimos annos, fructus sit evolutionis historicae, quae in multis punctis practice clauditur discussionibus et decisionibus Concilii Tridentini, cumque hodie dubia et oppugnationes moveantur circa omnia fere problemata quae continentur in unaquaque ex illis tribus quaestionibus supra recensitis, quae ingrediuntur uti elementa componentia complexam quaestionem de indissolubilitate matrimonii rati et consummati, necessarium duco schema ob oculos ponere evolutionis doctrinae in singulis illis quaestionibus usque ad statum actualem. Secus enim nec quaestio generalis de qua agimus complete in tota sua complexitate perspici nec momentum obiectionum quae hodie moventur, aestimari possunt in earum iusto pondere, praesertim illae quae in historia inniti videntur.

I. - Quaestiones praeviae cum principio indissolubilitatis connexae

1. *Quaestiones circa formationem seu constitutionem vinculi matrimonialis*

Vinculum matrimoniale intellegitur illa peculiaris relatio qua vir et mulier constituuntur maritus et uxor. Haec relatio, quae quodammodo totam personam coniugum in tota sua realitate exsistentiali afficit, non est mera relatio facti, nec exhauritur in relatione ordinis moralis, sed est etiam — immo et praesertim — relatio ordinis iuridici. Ipsa S. Scriptura non dubitat illam terminis iuridicis exprimere, ut acute notat S. Augustinus: « Cui fidei *tantum iuris* tribuit Apostolus ut eam *potestatem* appellaret, dicens: Mulier non habet potestatem corporis sui, sed vir; similiter autem et vir non habet potestatem corporis sui, sed mulier (*I Cor.* 7, 9) » [1]. Ipse terminus « *vinculum* » qui metaphorice ex ordine physico desumitur, praeterquam quod traditione consecratus est et generatim in omnibus linguis et culturis vel ipse vel ei aequivalens in usu est, habet fundamentum scripturisticum: « Nam quae sub viro est mulier, vivente viro, *alligata est* legi; si autem mortuus fuerit vir eius, *soluta est a* lege ... » (*Rom.* 7, 2; similiter *I Cor.* 7, 39).

Iam vero primum problema quod proponitur uti praesuppositum in problemate de indissolubilitate vinculi matrimonialis, est determinare quandonam vinculum ipsum plene constitutum habeatur. Aliis verbis: quo actu vel quibus actibus creatur reapse, in suis elementis essentialibus, illa relatio qua vir et mulier constituuntur maritus et uxor. Problema difficillimum et cuius evolutionem historicam oportet schematice prae oculis habere.

1) Nostra conceptio circa hoc problema subiit influxum, plus vel minus directum, trium conceptionum culturalium diversarum:

a) *Conceptio hebraica,* iuxta quam vinculum matrimoniale constituitur per plures actus successivos, quin possibile sit determinare eorum momentum essentiale. Inter hos actus recensentur: pactio parentum, oblatio donorum, redactio « kethebath », versatio « mohar » ex parte viri, dos ex parte mulieris, benedictio, adductio mulieris in domum mariti (consummatio).

b) *Conceptio romanistica,* quae est stricte *consensualistica*: « non concubitus, sed *consensus facit nuptias* ». Nullum aliud elementum uti essentiale habetur in constitutione vinculi matrimonialis, nisi consensus par-

---

[1] S. AUGUSTINUS, *De bono coniugii,* cap. 4.

tium. Iuxta interpretationem romanistarum modernorum inde a Manenti (opus eius editum est anno 1888), hic consensus non erat *actus* transiens qui uno ictu producit effectum suum (relationem maritus-uxor) qui semel productus pergit subsistere independenter a voluntate, sed erat *consensus continuus*, ita ut matrimonium in tantum pergebat subsistere in quantum perseverabat voluntas coniugum continuandi in relatione maritus-uxor. Haec tamen interpretatio moderna non potest considerari uti certa, ne ad tempus quidem classicum iuris romani quod attinet [2]. Certo, tempore postclassico, et fortasse tempore etiam classico, consensus qui requirebatur uti unicum elementum essentiale ad constituendum vinculum matrimoniale, erat consensus indolis pactitiae seu talis qui uno actu suum effectum producebat, qui effectus postea pergebat subsistere independenter a voluntate coniugum, etsi coniuges poterant per actum contrarium illum effectum destruere (divortium).

c) *Conceptio germanistica,* iuxta quam, ut videtur, duo elementa essentialia concurrebant ad constituendum vinculum matrimoniale: consensus partium et copula coniugalis: « consensus traditione mulieris firmatus facit nuptias ». Est conceptio *consensualistico-realistica.*

2) Etsi iam in saeculis alti medii aevi habentur aliqua indicia reflexionis circa hoc problema cum duabus tendentiis diversis, scilicet *realistica* (« matrimonium constituitur copula carnali animo maritali posita »: Hincmarus Rhemensis) et *consensualistica* (« consensus facit nuptias »: S. Petrus Damianus), quaestio devenit maxime polemica et centralis initio saec. XII inter famosas scholas Parisiensem et Bononiensem: Schola *Parisiensis* (consensualistica), tenebat matrimonium *solo consensu* perfici. Ideo matrimonium, per consensum initum, iam ante consummationem, est plene constitutum ac — si inter baptizatos — est perfecte sacramentum ac absolute indissolubile. Consummatio addit quidem aliquid, sed

---

[2] Cfr. O. ROBLEDA, *El Matrimonio en Derecho Romano,* Roma 1970, p. 130 ss.

tantum in linea significationis mysticae. Schola *Bononiensis* (consensualistico-realistica), defendebat e contra vinculum matrimoniale constitui duobus elementis essentialibus: consensu nempe partium et copula coniugali. Matrimonium initum per consensum, ante copulam, est tantum matrimonium initiatum, nondum sacramentum, et dissolubile variis ex causis.

3) Ad finem saeculi XII (praesertim sub Alexandro III) pervenitur ad synthesim doctrinalem, quae, ab illo tempore ad nostros usque dies, a theologis et canonistis unanimiter exposita et defensa est, a Magisterio Ordinario Ecclesiae saepius explicite est affirmata et proposita, legislationem canonicam et praxim iurisprudentialem Ecclesiae, in re adeo cum vita christiana connexa, perpetuo direxit. In hac synthesi:

a) Praevalet elementum *consensuale*. Matrimonium perficitur essentialiter consensu partium. Consummatio non est elementum essentiale in formatione vinculi matrimonialis. Attamen non caret momento iuridico et theologico. Per eam enim matrimonium christianum obtinet absolutam indissolubilitatem et plenam perfectamque significationem mysticam connubii Christi et Ecclesiae.

b) Hoc elementum consensuale affirmatur esse *indolis pactitiae* seu contractualis, quatenus uno actu producit effectum, qui pergit subsistere independenter a voluntate actuali coniugum. Est praeterea iuridice ac theologice « irrevocabilis », quatenus voluntas contraria coniugum relationem iuridicam creatam (maritus-uxor) vel effectum theologicum productum (mysticam significationem connubii Christi et Ecclesiae) destruere non potest.

c) Ex hac conceptione generica circa indolem pactitiam seu contractualem consensus qui producit vinculum matrimoniale, perficitur semper magis theoria contractualistica: actus quo initur matrimonium est *contractus* quidam, etsi ceteroquin omnino peculiaris.

d) Forma canonica inducta a Tridentino contulit ad roborandam hanc conceptionem contractualisticam. Contractus fit *formalis*. Hoc factum contulit quoque ad magis distinguenda et separanda duo elementa processus formationis vinculi indissolubilis matrimonii rati et consummati: consensum nempe et copulam consummativam matrimonii. In locis ubi vigebat obligatio formae canonicae non amplius matrimonium iniri poterat copula coniugali animo maritali posita. Tamen usque ad Const. Ap. «*Consensus mutuus*» Leonis XIII, 15 februarii 1892, pro locis ubi non vigebat obligatio formae canonicae, vigebat *praesumptio iuris et de iure* quod copula carnalis posita post sponsalia erat copula animo maritali posita, ideoque productiva matrimonii rati et consummati. Contra hanc praesumptionem non admittebatur oppugnatio ulla directa.

e) Denique ad roborandam conceptionem contractualisticam matrimonii atque ad magis distinguenda et separanda illa duo elementa processus formationis vinculi indissolubilis matrimonii rati et consummati — consensum nempe et copulam consummativam — contulit quoque et quidem multum controversia cum gallicanis, febronianis et iosephinistis circa competentiam Ecclesiae et Status in matrimonium baptizatorum. Hi enim, ad vindicandam Statui competentiam in matrimonium, induxerunt distinctionem realem inter *contractum* et sacramentum: Matrimonium qua est *contractus*, est de competentia Status; qua est sacramentum, est de competentia Ecclesiae.

f) Haec controversia iter paravit ad laicizationem matrimonii in populis christianis, quae locum habuit per introductionem matrimonii civilis in codices civiles modernos, inde a Codice Napoleonico, in quibus conceptio consensualistico-contractualistica, sensu supra explicato, plene acceptatur et dixeris exacerbatur: vinculum matrimoniale habetur plene constitutum per consensum partium coram magistratu civili manifestatum. Consummationi matrimonii non agnoscitur momentum ullum in ordine ad constitutionem vinculi matrimonialis, etsi inconsummatio generatim recensetur inter causas divortii, in codicibus qui divortium vinculare admittunt.

2. *Quaestiones circa sacramentalitatem matrimonii christiani.*

Sacramentalitas matrimonii duorum baptizatorum est secundum elementum quod praesupponitur in complexa quaestione indissolubilitatis matrimonii rati et consummati. Notemus gressus maturationis doctrinae quoad praecipua puncta, quae hic nostra interest prae oculis habere:

1) Ecclesia etsi inde ab suis primordiis matrimonium viderat uti aliquid cui Christus peculiarem sanctitatem vel sacralitatem addiderat, non nisi saeculis XII-XIII conscientiam plenam acquisivit matrimonium esse sacramentum. Doctrina adeo his et subsequentibus saeculis maturavit, ut Concilium Tridentium potuerit dogmatice definire matrimonium esse unum ex septem Novae Legis sacramentis.

2) Cum hac veritate definita connectuntur plures quaestiones, quas theologi et canonistae dilucidare conati sunt. In pluribus ex eis, doctrina omnino concors a saeculis habetur ab ipso Magisterio Ordinario Ecclesiae saepius proposita ac roborata. Inter has, oportet memorare:

a) Iam tempore Concilii Tridentini fere unanimis erat doctrina theologorum et canonistarum, iuxta quam essentia sacramenti matrimonii consistit in actu quo matrimonium essentialiter constituitur, id est, in consensu partium legitime manifestato. Postea vero, etsi discussiones pergant circa materiam et formam huius sacramenti, vix quisquam theologus invenitur (M. Cano) qui aliquod elementum extrinsecum ipsi consensui partium — uti est benedictio sacerdotis — consideret uti essentiale sacramento matrimonii.

b) Consequenter, ministri huius sacramenti sunt contrahentes et ipsi soli.

c) Superatis opinionibus quae tenuerunt in determinatis casibus — ut puta in matrimonio per procuratorem vel per litteras inito — adesse quidem matrimonium non vero sacramentum necnon ex voluntate contrahentium pendere ut ineatur vel solum matrimonium vel matrimonium quod sit sacramentum, maturescit doctrina — praesertim occasione controversiae cum gallicanis, febronianis et iosephinistis circa Ecclesiae competentiam exclusivam in matrimonium omnium baptizatorum — de inseparabilitate contractum inter et sacramentum, quam colligit can. 1012, § 2: « Inter baptizatos nequit matrimonialis contractus consistere, quin sit eo ipso sacramentum ».

d) Fortasse ex his adiunctis historicis explicari potest quod exigua attentio praestita sit in elaboratione doctrinali sive ad sacramentum matrimonii prout est sacramentum quodammodo permanens in statu matrimoniali [3], sive ad momentum amoris coniugalis et consummationis coniugii in sacramento matrimonii. Const. « *Gaudium et spes* » Concilii Vat. II aliquid novi in hunc sensum afferre videtur [4].

3. *Quaestiones circa consummationem matrimonii*

Tertium elementum quod ingreditur in problema de indissolubilitate matrimonii rati et consummati est *consummatio* matrimonii. Quoad hoc elementum notemus oportet:

1) In tota traditione inde a SS. Patribus, coniuges perficiunt expressionem biblicam « erunt *una caro* », non per actum consensualem quo matrimonium initur, sed per actum coniugalem, « ad quem natura sua ordinatur contractus matrimonialis et quo coniuges fiunt una caro », ut ait can. 1015, § 1, colligens doctrinam traditionalem.

2) In traditione patristica et in alto medio aevo, consummatio consideratur multo magis intime connexa cum « *mysterio* nuptiarum » — sacramento matrimonii —, quam inde a saec. XII exeunte. Schola Bononiensis col-

---

[3] Cfr. Pius XI, Enc. « *Casti connubii* »: *A.A.S.*, 22 (1930) 583.

[4] Cfr. U. Navarrete, *Foedus coniugale, Amor, Sacramentum, attenta doctrina Concilii Vat. II*, in *Acta Conventus Internationis Canonistarum*, (20-25 maii 1968), Typis Pol. Vat., 1970, 658 ss.; etiam in *De Matrimonio coniectanea*, Roma, 1970, p. 506 ss.

ligit et exprimit hanc lineam traditionis. Pro ipsa, ut supra diximus, consummatio erat elementum essentiale in constitutione vinculi matrimonialis et sacramenti matrimonii.

3) Inde autem a synthesi scholarum Parisiensis et Bononiensis ad quam perventum est tempore Alexandri III, semper magis consummatio matrimonii desacralizatur, ut ita dicamus, eo sensu quod semper magis consideratur veluti elementum omnino extrinsecum et vix ullam connexionem habens cum *sacramento* matrimonii.

4) Huic processui « desacralizationis » consummationis matrimonii, id est, minoris connexionis cum *sacramento* matrimonii, contulit procul dubio ille processus, supra indicatus, versus maiorem semper affirmationem elementi consensualis in sensum contractualisticum. Magni Scholastici saec. XIII — S. Thomas, S. Albertus Magnus etc. — consummationem videbant adhuc multo magis connexam cum sacramento, quam postea usque ad nostros dies [5].

5) Attamen semper retentum est consummationem conferre sacramento aliquid in linea symbolismi mystici matrimonii christiani: Tantummodo enim matrimonium ratum et consummatum significat plene et perfecte unionem Christi et Ecclesiae. Quam doctrinam docet et recens Magisterium Ordinarium Ecclesiae [6].

6) Inde saltem a saec. XI exeunte consummationi matrimonii baptizatorum attribuitur effectus absolutae indissolubilitatis. Quod quidem difficilius explicatur, si consummatio consideratur, ut fit in epoca postmediaevali, ut aliquid quod vix connexionem habet, nisi in linea symbolismi mystici, cum sacramento matrimonii [7].

7) Matrimonium in tota traditione, absque exceptione ulla, habitum est consummatum, si inter coniuges locum habuerit copula coniugalis. Primae copulae coniu-

---

[5] Locos invenies in *art. cit.* in nota praecedenti: in *Acta Conventus*, p. 667; in *De Matrimonio coniectanea*, p. 514.

[6] Cfr. v. gr. PIUS XI, Enc. « *Casti connubii* »: *A.A.S.*, 22 (1930) 552.

[7] Cfr. U. NAVARRETE, *art. cit.*, p. cit. ss.

gali — et tantummodo huic, quin quidquam aliud requiratur — tributa est semper consummatio et consequenter effectus indissolubilitatis inde oriens.

8) Parum vel nihil refert pro hac quaestione fundamentali, quod in ipso conceptu copulae plurimae semper fuerint et adhuc sunt quaestiones obscurae et nondum definitive solutae. Hic aspectus quaestionis est indifferens relate ad problema generale de indissolubilitate matrimonii rati et consummati, etsi — uti patet — quoad iurisprudentiam et praxim maximi sint momenti.

* * *

Ex hac schematica synthesi patet quot sint quaestiones connexae cum problemate de quo agimus. Iam ex dictis patet in hac complexa quaestione nihil esse definitum a Magisterio Ecclesiae ut veritatem de fide, nisi quod matrimonium baptizatorum est unum ex septem Sacramentis a Christo Domino institutis. Cetera omnia, quae quidem fructus sunt arduae elaborationis theologico-canonicae, a Magisterio Ordinario Ecclesiae docentur, diverso quidem gradu insistentiae, prout diversa adiuncta historica vel gravitas ipsa quaestionum, attenta earum connexione cum Sacramento, id postularunt.

Hodie saepe in dubium vocatur principium generale indissolubilitatis, eo quod nonnullae solutiones quaestionibus indicatis non sint omnino certae. Quod quidem methodologice acceptari nequit. Generatim enim cum veritatibus fidei plurimae sunt quaestiones connexae non solutae cum certitudine ac liberae discussioni relictae, quin tamen inde veritates illae in dubium vocari liceat.

His positis, nunc iam agendum est in concreto de principio ipso absolutae indissolubilitatis matrimonii rati et consummati, prout in doctrina theologica et canonistica atque in Magisterio Ecclesiae proponitur.

II. - De principio absolutae indissolubilitatis matrimonii rati et consummati

1. - *Theologi et canonistae*

Initium sumimus a facto historico certo: Inde saltem ab initio primae reflexionis profundae theologico-canonicae postpatristicae circa matrimonium (ad finem saec. XI) usque ad hos recentissimos annos, habitum est uti principium doctrinale pacificum et inconcussum inter catholicos, matrimonium consummatum inter baptizatos (matr. ratum et consummatum) esse absolute indissolubile. Omnes theologi et canonistae inde saltem ab initio Scholasticae praesupponebant uti inconcussum principium indissolubilitatis matrimonii rati et consummati. Totus eorum labor, mirandus quidem, versabatur in dilucidandis complexis quaestionibus de constitutione vinculi matrimonialis, de sacramentalitate matrimonii christiani, de momento et significatione consummationis necnon de habitudine inter haec tria elementa determinanda, ut ex supra expositis patet. Hoc principium doctrinale praesupponunt constans legislatio, iurisprudentia et praxis administrativa Ecclesiae.

Saepe citantur aliqui decretalistae — uti Ioannes Andreae et Panormitanus — necnon plures civilistae anteriores Concilio Tridentino ac si admisissent matrimonium ratum et consummatum posse dissolvi in determinatis casibus. Attamen ex studio immediato in singulos hos Auctores patet eos non agere de casibus in quibus reapse exsistit matrimonium *validum* ratum et consummatum [8], etsi ex modo confuso loquendi quem adhibent talem doctrinam affirmare videantur.

---

[8] Cfr. S. Abril, *¿Auctores clásicos favorables a la disolubilidad del matrimonio rato y consumado?*, Salamanca, 1970 (Excerpta ex Dissertatione ad Lauream); U. Navarrete, *Indissolubilitas matrimonii rati et consummati. Opiniones recentiores et observationes*, in: *Periodica*, 58 (1969) 418-422.

Unicus casus circa quem dubitant aliqui auctores — Caietanus, Catharinus, aliqui Patres Concilii Tridentini ante huius decisionem (can. 7 sess. 24), Erasmus qui et ad alios casus divortium vinculare extendere videtur — est casus adulterii, ob verba S. Matth. « excepta fornicationis causa », quae intelligenda ipsis videbantur de vera exceptione principii indissolubilitatis, in favorem coniugis — saltem mariti — cuius compars adulterium commiserit [9].

At dum unanimiter — sensu explicato — affirmatur absoluta indissolubilitas matrimonii rati et consummati, iam in prima reflexione theologico-canonica circa privilegium paulinum, facta saec. XI-XII, evolvendo principia doctrinalia in nonnullis SS. Patribus atque auctoribus praecedentibus insinuata, nonnulli saltem auctores perveniunt ad explicitam conclusionem matrimonium sive *duorum infidelium* sive *fidelis cum infideli* esse dissolubile. In *Summa Magistri Rolandi* (postea Alexander III), scripta ante an. 1148, inveniuntur haec verba: « ... usque quaque est, quod matrimonium legitimum et consummatum inter fideles ratum, id est indissolubile consistit; apud *infideles* vero vel *fidelem et infidelem* dissolvi utique valet » [10]. Atque in *Summa Stephani Tornacensis*, scripta circa an. 1160, legitur: « Inter infideles ergo, quamvis sit consummatum matrimonium, non tamen est ratum, sive *uterque sit infidelis*, sive *alter fidelis alter infidelis*, quoniam dissolvi potest » [11]. Conscientia tamen Ecclesiae circa hanc suam potestatem in vinculum naturale, usque ad saec. XVI minus intensa fuisse videtur — data situatione concreta minoris contacti populi christiani cum paganis, ideoque minoris urgentiae in usu potestatis Ecclesiae ad solvendum hoc vinculum —; at quando, ob expansionem missionariam saec. XVI in populos noviter inventos, quaestio devenit urgentissima

---

9 *Ibid.* cum indicationibus bibliographicis ibi relatis.

10 Magister ROLANDUS, *Summa*, in C. 28, q. 1, ed. Thaner, p. 133.

11 STEPHANUS TORNACENSIS, *Summa*, in C. 28, q. 1, ed. Schulte, p. 237-238.

sub respectu pastorali, Ecclesia non dubitavit usum amplissimum huius potestatis facere, uti demonstrant Constitutiones RR. Pontificum in can. 1125 Codicis I. C. receptae, quod supponit Ecclesiam conscientiam claram habuisse huius suae potestatis. Et quamvis hae Constitutiones non respiciant matrimonium duorum infidelium quorum neuter convertitur, hoc non videtur tribuendum esse ad aliquod dubium suscitatum circa extentionem potestatis Ecclesiae etiam in illud matrimonium, sed simpliciter ad factum quod casus communiter occurentes quibus providendum erat, non respiciebant matrimonium duorum infidelium in infidelitate utroque permanente, sed tantum matrimonium infidelium quorum saltem unus coniugum ad fidem convertebatur [12]. Ut notum est, his ultimis decenniis Ecclesia usum fecit potestatis etiam ad dissolvendum matrimonium duorum infidelium in infidelitate permanentium.

Quod attinet vero ad matrimonium ratum et non consummatum, constat Ecclesiam inde saltem a saec. XII (id est inde a prima reflexione theologico-canonica circa matrimonium) satis claram conscientiam habuisse huiusmodi matrimonium esse dissolubile causasque dissolutionis in potestate Ecclesiae esse determinare. De facto nonnullas dissolutionis causas iam tunc temporis determinavit [13]. Discussiones tamen usque ad initium saec. XVIII protractae sunt circa potestatem Papae ad huiusmodi matrimonium per dispensationem dissolvendum.

2. - *Concilium Tridentinum*

Concilium Tridentinum [14] in problemate de indissolubilitate matrimonii (sess. 24, can. 5 et 7) secutum est

---

[12] G. Dominici, *La dissoluzione del matrimonio di due non battezzati. Studio Storico-dottrinale sulla base di alcuni documenti inediti del secolo XVI*, Roma, 1971, 133-134.

[13] Cfr. J. Casoria, *De matrimonio rato et non consummato*, Roma, 1959, 16-27.

[14] Pro ampliore informatione circa hanc quaestionem in Concilio Tridentino, remittimus ad diligentissimum et acutum stu-

methodum sibi propriam, scilicet proponere doctrinam Ecclesiae circa illa puncta quae a Novatoribus negabantur. Ideo Concilium non sibi proposuit problema de indissolubilitate matrimonii in se ipso seu in tota sua generalitate; sed, e contra, illas tantum quaestiones discussit illosque tantum canones formulavit, qui propositiones damnandas Novatorum comprehenderent, servatis fere ad litteram verbis ipsis propositionum prout in operibus eorum inveniebantur. De ceteris doctrinae Ecclesiae punctis simpliciter praescindit. Perperam igitur ex silentio Concilii arguitur, siquidem ipsum tractare consulto non voluit, nisi de propositionibus damnandis Novatorum.

Canon 5 negat expressis et claris verbis dissolubilitatem matrimonii, quam hodie vocamus *intrinsecam* ob tres causas ob quas Novatores affirmabant matrimonium dissolvi posse *a coniugibus*: « Si quis dixerit, propter haeresim, aut molestam cohabitationem, aut affectatam absentiam a coniuge dissolvi posse matrimonii vinculum: an. s. ».

Canon 7 agit de casu adulterii, qui colligit articulos 3, 4, 5, Novatorum. Ad sensum canonis intelligendum, hos articulos prae oculis habere oportet:

> Art. 3. « Mulier quae alteri viro sui fecit copiam, adeo uxor esse desiit, ut utrique aut alteri saltem coniugum, qui causam non dedit divortio, liceat novare coniugium, hoc est aliam uxorem ducere vel alteri nubere ».
>
> Art. 4. « Non moechatur, qui dimissa adultera, aliam duxerit ».
>
> Art. 5. « Divortium dirimit matrimonium, unde ab illo rite celebrato licet repudianti et repudiatae reiterare coniugium. Lutherus *De Captivitate Babylonica* ait: Sed hoc admiror magis, cur coelibem cogant esse hominem, qui divortio separatus est a coniuge sua, nec aliam ducere permittant ».

---

dium L. Bressan, *Il canone tridentino sul divorzio per adulterio e l'interpretazione degli autori*, pars II. Agitur de Dissertatione ad Lauream in Facultate Iur. Can. Univ. Gregorianae, quae proximis mensibus in lucem prodibit in collectione 'Analecta Gregoriana'.

Post plurimas easdemque arduas discussiones perventum est ad approbationem canonis, cuius forma damnationis mitior quam in aliis canonibus apparet, eo quod Patres voluerint evitare percellere Patres et Auctores catholicos qui defenderant propter adulterium posse dissolvi matrimonium necnon ne offenderentur Graeci, qui etsi contrariam *praxim* sequebantur, tamen doctrinam Ecclesiae Latinae ipsis oppositam non reprobabant. Canon sic sonat:

> Can. 7. « Si quis dixerit, Ecclesiam errare, cum docuit et docet, iuxta evangelicam et apostolicam doctrinam [cf. *Mc.* 10; *I Cor.* 7], propter adulterium alterius coniugum matrimonii vinculum non posse dissolvi, et utrumque, vel etiam innocentem, qui causam adulterio non dedit, non posse, altero coniuge vivente, aliud matrimonium contrahere, moechari que eum, qui dimissa adultera aliam duxerit, et eam, quae dimisso adultero alii nupserit: an. s. ».

Canon, hac forma aliquantum contorta et complicata intendit reiicere tres articulos Novatorum supra transcriptos, ita tamen, ut non percellatur auctor aliquis catholicus nec offendantur Graeci. Pro nostro scopo sufficit aliquas annotationes circa illum facere:

1) Quod Concilium intenderit hoc canone non praecise *disciplinam* Ecclesiae defendere, sed *principium doctrinale proponere,* est res quae in dubium vocari nequit, attentis discussionibus Patrum, actis Concilii et ipso tenore canonis.

2) Item certum historice est Patres per illud « vinculum *non posse* dissolvi », « *non posse* ... aliud matrimonium contrahere » significare intendisse non meram illiceitatem (= non licere), sed veram incapacitatem agentis, vi cuius esset inefficax prorsus et absque ullo effectu, quodlibet tentamen dissolvendi vinculum vel ineundi secundum matrimonium.

3) Non constat sufficienti certitudine, utrum illud « non posse dissolvi » referatur tantum ad coniuges ut subiectum agens (= non posse dissolvi *a coniugibus* vel

a coniuge innocenti) an includat etiam potestatem Ecclesiae (= non posse dissolvi absolute ne a potestate quidem Ecclesiae). Aliis verbis: non constat satis an agatur tantum de indissolubilitate intrinseca an etiam de extrinseca, iuxta terminologiam hodiernam.

4) Supposita methodo quam Patres sibi proposuerunt sequendam scilicet proponere doctrinam Ecclesiae tantummodo circa illa puncta quae in articulis Novatorum negabantur, ex hoc canone non potest erui argumentum quoad indissolubilitatem extrinsecam, ad quam Patres explicite saltem non attenderunt. Attamen omnino infundatae sunt insinuationes quae hodie aliquando fiunt ac si Patres non *ausi essent* hanc indissolubilitatem extrinsecam proponere. Ab illa simpliciter praescindunt saltem explicite, quia de illa non agebatur in articulis Novatorum, quos Patres intendebant damnare.

5) Principium tamen indissolubilitatis absolutae (etiam extrinsecae) matrimonii rati et consummati in genere, adeo firmiter tenebatur tempore Concilii Tridentini, ut multi theologi adhuc negarent tunc temporis Romanum Pontificem posse dissolvere matrimonium ratum et non consummatum. Dissolutio huiusmodi matrimonii a multis tunc temporis non admittebatur nisi per professionem religiosam sollemnem. Quoad matrimonium ratum et consummatum non admittebant exceptionem ullam, si illos paucos auctores excipias, de quibus supra, qui exceptionem admittebant pro casu adulterii, quam exceptionem explicite reiicit Concilium.

His breviter notatis quoad canonem 7 Tridentinum, antequam de Magisterio recentiore agamus, oportet aliquid dicamus de positione theologorum et canonistarum inde a Concilio Tridentino usque ad nostros dies.

3. - *Interpretatio canonis 7 Tridentini decursu temporis usque ad nostros dies.*

Claritatis gratia, oportet distinguere duas quaestiones diversas, etsi intime inter se connexas: 1) Positionem Auctorum quoad principium absolutae indissolubilitatis matrimonii rati et consummati; 2) interpretationem et vim, quam tribuunt citato canoni 7 Tridentino.

Quoad primam quaestionem, Auctores principium absolutae indissolubilitatis matrimonii rati et consummati affirmant vel illud supponunt sive agendo ex professo de hoc problemate sive agendo circa potestatem Papae ad dissolvendum matrimonium ratum et non consummatum et matrimonium infidelium (matrimonium non ratum etsi consummatum). Tunc explicite attendunt ad indissolubilitatem matrimonii rati et consummati, quam hodie vocamus extrinsecam eamque positive excludunt a potestate Papae.

Inter argumenta ad probandam indissolubilitatem matrimonii, auctores saepe recursum faciunt ad canonem 7 Tridentinum, eo sensu quod si matrimonium dissolvi nequit. ob adulterium — quo in casu peculiaris adest difficultas attentis verbis S. Matthaei, praxi Orientalium et auctoribus catholicis aliter sentientibus —, a fortiori dissolvi non poterit ob alias causas. At varietas magna animadvertitur inter auctores circa interpretationem citati canonis, sive quoad eius extensionem, sive quoad eius intensitatem doctrinalem seu gradum magisterii. Diversitas tamen opinionum non versatur circa principium absolutae indissolubilitatis matrimonii rati et consummati — quod omnes indiscusse tenent —, sed circa gradum certitudinis theologicae huius veritatis — attento praesertim canone Tridentino — et circa ambitum seu extensionem huius canonis, data complexitate problematis.

Pro nostro scopo, puto peculiaris esse momenti prae oculis habere interpretationem et vim quam Auctores dederunt, decursu temporis, canoni Tridentino, eo quod — etsi forte canon non semper, ob defectum cognitionis eius historiae, recte et ponderate intellectus est — haec interpretatio maxime illuminat quaenam fuerit firmitas persuasionis auctorum circa principium absolutae indissolubilitatis matrimonii rati et consummati. Accedit quod hodie saepe recursus fit ad canonem Tridentinum, et quidem sive eius vim exaggerando sive, e contra, illam plus aequo deprimendo [15].

Oportet distinguere diversas periodos, attenta evolutione doctrinali:

1) Prima periodus se extendit a fine Concilii Tridentini usque ad gallicanismum, ad finem saec. XVII [16].

In hac periodo, etsi magna varietas animadvertitur circa attentionem et momentum quae tribuuntur canoni Tridentino, omnes auctores concorditer tenent — variis quidem locutionibus adhibitis quod attinet ad notam theologicam, quae ceteroquin significationem parum praecisam tunc temporis habebant — matrimonium dissolvi non posse ne in casu quidem adulterii. Immo erat opinio communis doctrinam Ecclesiae esse *dogma fidei,* quatenus habuerat pro se definitionem conciliarem. Omnes interpretantur canonem uti dogmaticum. Omnes negant praeterea Papam posse dissolvere matrimonium ratum et consummatum in genere. Plures hanc affirmationem confirmant canone Tridentino, sed maxima pars eorum probationem fundant in aliis argumentis. Utrum Papa possit dissolvere matrimonium in casu adulterii est quaestio quam specifice non sibi proponunt. Nullus tamen eorum restringit explicite vim canonis Tridentini ad solam indissolubilitatem intrinsecam. Canonistae pergunt sustinere Papam posse dissolvere matrimonium ratum et non consummatum; inter theologos autem, crescit semper magis numerus eorum qui hanc doctrinam defendunt, ita ut ad finem huius periodi devenit denique fere communis. Item magna adhuc habetur varietas sententiarum quod attinet potestatem Papae ad dissolvendum matrimonium infidelium in relatione cum privilegio paulino.

2) Secunda periodus comprehendit lapsum temporis a saeculo XVII exeunte usque ad revolutionem gallicam [17].

---

[15] In synthesi historica quam praebemus, sequimur L. BRESSAN, *op. cit.* Brevitatis gratia, indicabimus tantummodo capitula, ubi citationes auctorum et ulteriores informationes inveniri possunt.

[16] Cfr. BRESSAN, *op. cit.*, pars III, cap. 1.

[17] *Ibid.*, cap. 2.

Auctores periodi praecedentis ignorabant historiam canonis Tridentini, vel saltem ad illam non attendunt. Saeculo XVII edita sunt *Istoria del Concilio di Trento* a P. Sarpi (Londonii, 1619), et *Istoria del Concilio dì Trento* a Sforza-Palavicino (Romae, 1656-57), necnon continuatio *Annales Ecclesiastici* Baronii, opera Raynaldi (Lucae, 1646-1677), ubi textus integer motionis venetae ad canonem 7 edebatur.

Praeter Protestantes, aliqui auctores catholici gallicanismo affecti (praesertim Launoy), in suo conamine vindicandi auctoritati civili competentiam in matrimonium, huic attribuere conati sunt etiam potestatem concedendi divortium. Quod probare intendebant sive ex S. Scriptura sive rationibus historicis, praesertim exemplo imperatorum christianorum Constantinopolis, uti Iustiniani. Ad vincendam difficultatem ex canone Tridentino, affirmant eum, attenta eius historia, non esse dogmaticum, sed mere disciplinarem. Hac occasione vehemens discussio, per annos protracta, circa sensum canonis, Parisiis, praesertim in Universitate « Sorbona », agitata est. Iuxta aliquos, in canone non agebatur de veritate doctrinali, sed de mera disciplina; alii sustinebant textum canonis indicare tolerantiam quamdam, possibilem etiam in futurum, adhibitam ad graecos ad unitatem alliciendos; alii denique asserebant agi de veritate certa in Ecclesia, sed non adeo certa ut possit imponi etiam aliis Ecclesiis.

At praeter hanc controversiam, circumscriptam Parisiis, pergit torrens ingens auctorum qui — nullam attentionem praestantes discussionibus Parisinis —, canonem interpretantur eodem sensu ac auctores saeculi praecedentis, scilicet uti canonem doctrinalem et quidem dogmaticum, etsi magnam varietatem locutionum adhibeant ad hoc exprimendum; v. gr. « *catholicum dogma est,* matrimonium non dirimi per adulterium » (Habert, ex Sorbona); « Porro si non errat Ecclesia, dum docet iuxta evangelicam et apostolicam doctrinam, matrimonium non posse dissolvi propter adulterium coniugis: ergo errat contra evangelicam et apostolicam doctrinam, qui dicit posse dissolvi: consequenter *dogma fidei est*, et non solum res disciplinae » (Billuart); est « *veritas catholica* » definita in Conc. Florentino et Tridentino (Wiestner); veritas catholica « *de fide* » (La-Croix); etc. etc. Alii adhibent locutiones mitiores, uti « *catholica thesis* », « *est certum* »; Concilium « *explicat* », « *statuit* », « *decidit* » etc., quae tamen variationes non videntur intentionales, sed potius stylisticae, siquidem non sibi proponunt explicite quaestionem de valore canonis, sed simpliciter exponunt doctrinam quam retinent pacificam.

At post secundam medietatem saec. XVIII, sunt plures illi auctores qui explicite doctrinam atque discussiones Parisienses prae oculis habent easque reiiciunt, reaffirmantes canonem non esse disciplinarem sed doctrinalem, et quidem, iuxta plures, dogmaticum, iisdem fere locutionibus adhibitis ad hoc affirmandum ac adhibent communiter auctores saeculi praecedentis.

Ideo inter catholicos, usque ad finem saec. XVIII, fuit tantum exigua minoritas auctorum — et quidem gallicanismo affecta — quae intellexit canonem uti disciplinarem. Maxima pars illum interpretata est uti vere doctrinalem; plurimi vero auctores uti dogmaticum, veram definitionem, etsi indirectam, exprimentem.

3) Tertia periodus protrahitur a Revolutione gallica usque ad Conc. Vaticanum I [18].

In hac periodo quaestio de indissolubilitate obtinet peculiare momentum practicum eo quod codices civiles divortium vinculare coeperunt admittere. Antea enim etsi Protestantes illud theoretice admittebant, vix illud in praxim deducebant. Nunc divortium sancitur lege civili etiam in multis nationibus catholicis, et in protestantibus, etiam pro civibus catholicis. Quemadmodum in periodo praecedenti quaestio agitata fuit in Gallia, in hac periodo agitatur peculiari modo in Germania. De hac controversia amplam informationem praebet Roskovány in suo opere *De Matrimonio* edito anno 1840.

---

[18] *Ibid.*, cap. 3.

G. A. Baun anno 1787 publicavit dissertationem « *Utrum Matrimonii vinculum et in casu adulterii alterius coniugum, iuxta Tridentinum canonem VII Sess. XXIV iure divino an solum iure ecclesiastico insolubile sit* ». Iuxta Baun indissolubilitas non est iuris divini. Canon Tridentinus respicit tantum disciplinam. Baun secuti sunt plures auctores, etsi non magnae notae, pluribus autem acriter eum impugnantibus. Possumus diversas positiones auctorum huius controversiae, his breviter comprehendere: a) una pars auctorum, non nimis numerosa, sustinet canonem Tridentinum dogmatice affirmare indissolubilitatem matrimonii etiam in casu adulterii; b) alia pars, satis consistens, tenet canonem esse *disciplinarem;* alia pars intermedia, satis etiam ponderosa, defendit canonem non esse nec dogmaticum nec disciplinarem, sed *doctrinalem.* Auctores huius tendentiae differunt inter se in determinanda nota theologica qua gaudet doctrina in canone proposita, nec multum hac in re insistunt.

Ipse Roskovány proposuit suam sententiam, cuius puncta quae nostra hic intersunt, his comprehendi possunt: 1) Canon non potest considerari definitio, saltem sensu stricto, indissolubilitatis matrimonii; 2) ideo qui ab eo dissentit, non potest accusari de haeresi; 3) canon tamen est doctrinalis et doctrina contraria est erronea; 4) canon non potest dici disciplinaris, quemadmodum nec alii canones Tridentini ut disciplinares haberi possunt.

Extra ambitum controversiae Germanicae, peculiare momentum habet I. Perrone, tum quia peculiari amplitudine et profunditate quaestionem tractat, tum quia eius interpretatio communiter acceptata fuit usque ad nostros dies, in eis quae originalia sunt.

Post amplum studium circa positionem Orientalium, agit directe de canone Tridentino. En compendiose puncta praecipua eius interpretationis: 1) Reiicienda prorsus est uti non catholica interpretatio eorum qui tenent canonem esse disciplinarem; 2) canon non tantum est doctrinalis, sed et dogmaticus, cuius obiectum est duplex:

a) aliud *directum*, scilicet inerrantia Ecclesiae cum docet indissolubilitatem matrimonii etiam in casu adulterii; b) aliud *indirectum*, videlicet indissolubilitas ipsa matrimonii etiam in casu adulterii. Ideo qui accusat Ecclesiam de errore est « haereticus »; qui autem tenet divortium vinculare esse possibile « *saltem in errore versatur haeresi proximo* ».

4) Denique quarta periodus comprehendit lapsum temporis a Conc. Vaticano I ad Conc. Vaticanum II [19].

Inter schemata doctrinalia parata a Commissione praeparatoria Concilii Vat. I, invenitur schema de Matrimonio. In eo inter alia proponitur problema de indissolubilitate matrimonii, ac peculiari modo de indissolubilitate in casu adulterii, ob Orientales. Ad hoc problema dedicatae sunt plures sessiones Commissionis, necnon schemata canonum hac super re parata sunt. Duae quaestiones sollicitant praesertim attentionem Commissionis: 1) An necessaria sit nova « definitio », stante canone Tridentino; 2) an opportunum sit novam definitionem emittere, attentis relationibus, quas hodie diceremus oecumenicas, cum Orientalibus.

De facto, ob rationes extrinsecas, schema non fuit ne discussum quidem in Concilio. Attamen ex laboribus praeparatoriis eruitur testimonium specialis ponderis circa statum doctrinae theologicae quoad hoc problema. Haec duo nostra hic interest notare: 1) Membra commissionis praesupponunt doctrinam de indissolubilitate matrimonii rati et consummati etiam pro casu adulterii esse adeo maturam ut dogmatice definiri possit; 2) praesupponunt praeterea hanc veritatem, certam omnino quidem esse, immo et « proximam fidei », sed nondum esse definitam, ne quidem pro casu adulterii. Praesupponunt igitur canonem Tridentinum non continere definitionem dogmaticam — saltem directam — indissolubilitatis matrimonii, ne quidem pro casu adulterii.

Quod attinet ad auctores huius ultimi periodi, notanda est nova distinctio explicite proposita a Palmieri,

---

19 *Ibid.*, cap. 4.

ad quam auctores praecedentes posttridentini non attendunt explicite, quaeque inde a Palmieri saepius apparet: scilicet distinctio inter indissolubilitatem *intrinsecam* (« qua fit ut contrahentium potestate nequeat contractus initus irritari ») et indissolubilitatem *extrinsecam* (« qua fit ut non possit dissolvi voluntate Superioris »). Iuxta Palmieri canones Tridentini respiciunt tantummodo indissolubilitatem intrinsecam, quia de hac tantum quaestio erat cum Protestantibus, et quidem matrimonii sive rati tantum sive rati et consummati.

In hac periodo datur possibilitas maioris cognitionis Concilii Tridentini. Anno 1874 A. Theiner edidit *Acta genuina ss. oecumenici Concilii Tridentini,* et ab anno 1901 Societas Görres-Gesellschaft initiavit publicationem omnium actorum quae Tridentinum respiciunt. Anno 1923 edidit vol. IX et anno 1956 vol. VI, quae continent materiam nostrum argumentum spectantem. Ideo praeterquam quod auctores qui de Matrimonio in genere scribunt (Manualistae) maiorem cognitionem historiae canonum Tridentinorum habere possunt — etsi non semper illam habere ostendunt —, scripta sunt varia studia monographica, inter quae eminet illud P. Franssen — quod optimum quidem est, etsi non in omnibus acceptari posse videtur —, et nunc, proximis mensibus, lucem videbit illud L. Bressan, quod in multis alia superat.

In hac periodo maior dispersio opinionum inter auctores animadvertitur. Generatim tamen praevalet tendentia adhibendi canonem 7 Tridentinum tantummodo ad defendendam indissolubilitatem intrinsecam matrimonii (tendentia Palmieri), etsi pauci omnino sint qui explicite asserant illum referri tantummodo ad hanc. Maxima pars auctorum non loquitur amplius de *veritate definita* (nisi quoad inerrantiam Ecclesiae in hac re, sequentes Perrone). Nota quae saepius recurrit est « *veritas proxima fidei* ». Pauci omnino illam veritatem considerant *definitam.* Praestatur maior attentio quam antea in canonibus Tridentinis interpretandis ad distinctionem inter matrimonium ratum tantum et matrimonium ratum et consummatum. Omnes sunt concordes in asserendo canonem 7 referri ad indissolubilitatem intrinsecam matrimonii consummati; iuxta nonnullos ille refertur ad indissolubilitatem absolutam — intrinsecam et extrinsecam — matrimonii consummati; iuxta maximam partem auctorum, canon refertur tantum ad indissolubilitatem intrinsecam cuiuslibet matrimonii — saltem christiani, scilicet sive tantum rati sive rati et consummati.

Auctores qui teneant canonem esse disciplinarem non sunt in hac periodo, si excipias aliquos qui his recentissimis annis (post Conc. Vaticanum II) scripserunt, uti V. J. Pospishil, A. M. Dubarle, O. Keramé, P. Huizing, G. Gerhartz.

Ad finem huius partis afferimus quattuor textus RR. Pontificum, in quibus canon 7 Tridentinus refertur, quibus patet quo sensu ipsi eum intelligant:

Pius VI in ep. ad Episc. Pragensem, 11 Aug. 1787, scribebat:

> «... quod porro attinet ad causam supervenientis adulterii, certum est ex can. 7. sess. eiusdem [24], Ecclesiam docuisse ac docere iuxta Evangelicam et Apostolicam doctrinam, propter adulterium alterius coniugum matrimonii vinculum non posse dissolvi. Certum est, ac plane definitum, Ecclesiam in hoc docendo non errare, ut patet ex subiecto anathemate. Porro si certum est id verum esse quod docet, nempe propter adulterium matrimonii vinculum non posse dissolvi, et cum error sit quidquid vero repugnat, error igitur est contra veritatem ... »[20].

Idem Pius VI in epist. ad Episc. Agrigiensem, 11 iul. 1789, postquam retulit textum can. 7, commentatur:

> «quis catholicus doctrinae caput non in eo agnoscat, quod Ecclesia docuit et docet, iuxta evangelicam et apostolicam doctrinam, et in quo docendo certum sit imo expresse definitum eam non errare? certum proinde est, Ecclesiam docuisse et do-

---

[20] E. A. DELLA MOTTA, *Teoria dell'istituzione del matrimonio*, IV, Torino, 1860, 253.

cere iuxta evangelicam et apostolicam doctrinam, propter adulterium dissolvi non posse matrimonii vinculum; item certum est in eo docendo Ecclesiam non errare »[21].

Gregorius XVI in epist. ad Episc. Basileensem, 8 febr. 1836, scribit:

> « Cum enim matrimonium, si semel valide contractum et consummatum fuerit, iuxta evangelicam et apostolicam doctrinam, quam synodus Trident. sess. XXIV, can. 7, confirmavit, solvi inter christianos, quoad vinculum, omnino nequeat; non modo illicitum sed et invalidum quoque foret matrimonium, quo catholicus vir aut mulier cum acatholico, altero huius coniuge adhuc sospite, iniret »[22].

Pius XI, in Enc. « *Casti connubii* » ita argumentatur ex canone 7 postquam eum retulit:

> « Quod si non erravit neque errat Ecclesia, cum haec docuit et docet, ideoque certum omnino est matrimonii vinculum ne ob adulterium quidem dissolvi posse, in comperto est reliquas tanto debiliores, quae afferri solent, divortiorum causas multo minus valere nihilique prorsus esse faciendas »[23].

His transitum facimus ad sequens punctum, in quo de recentiore Magisterio Ecclesiae circa indissolubilitatem matrimonii breviter agemus.

4. - *Magisterium recentius Ecclesiae*

Non adaequate proponitur vis recentioris Magisterii Ecclesiae quoad indissolubilitatem matrimonii rati et consummati, si tantummodo attenditur, ut saepe fit, ad textus RR. Pontificum, qui hanc, modo plus vel minus directo et praeciso, proponunt. Non enim agitur de veri-

---

21 A. de Roskovány, *Documenta catholica pro independentia potestatis civilis*, III, Pestini, 1856, 271.

22 Gasparri, *C.I.C. Fontes*, II, p. 769.

23 *A.A.S.*, 22 (1930) 574.

tate aliqua abstracta, a vita reali populi fidelis avulsa, quae tantum paucorum specialistarum intersit; sed de vèritate quae maxime vitam populi Dei afficit quaeque omnes fideles docetur in praedicatione catechetica, ut punctum fundamentale in conceptione christiana matrimonii et familiae. Ideo non tantum verba explicita RR. Pontificum hac in re consideranda sunt, sed omnes fontes qui illuminant quaenam sit doctrina quam Ecclesia vitaliter docet et transmittit sub vigilantia et magisterio Pastorum.

Hoc posito, notandum est quod doctrina absolutae indissolubilitatis matrimonii christiani (mat. rati et consummati) *saltem inde ab initio secundi millennii Ecclesiae,*

1) unanimiter tenetur et defenditur a theologis et canonistis, utique sub vigilantia et ductu Magisterii Ecclesiae;

2) proponitur perpetuo populo fideli in praedicatione catechetica;

3) docetur ab Episcopis totius orbis catholici qua pastoribus proprii gregis;

4) item docetur et urgetur contra tendentias divortio faventes in multis conciliis dioecesanis, provincialibus, etc.

5) praesupponitur immo et dirigit legislationem, iurisprudentiam et praxim administrativam Ecclesiae universae, in re adeo gravi ut est matrimonium;

6) docetur et urgetur in multis documentis S. Sedis, praesertim Congregationum S. Officii et de Propaganda Fide.

Haec omnia, simul sumpta, habent magnam significationem theologicam. Manifestant enim doctrinam de absoluta indissolubilitate matrimonii christiani fuisse profunde radicatam in conscientia Ecclesiae necnon quodammodo ea considerari posse — data indole morali materiae circa quam versantur — uti manifestationes implicitas Magisterii Ordinarii Ecclesiae, quatenus omnia illa semper locum habuerunt vel promoventibus et urgentibus Pastoribus vel saltem sub eorum ductu et vigilantia, praesertim RR. Pontificum.

Quod attinet vero ad magisterium explicitum RR. Pontificum recentiorum — inde a Concilio Tridentino — dicendum est eorum interventus — ut in aliis materiis accidit — fieri frequentiores et clariores, quo pericula confusionis vel erroris in Ecclesia fiunt graviora. Ita usque ad secundam medietatem saec. XVIII, cum doctrina in Ecclesia, hac super re, esset pacifica, interventus RR. Pontificum non habentur, nisi relate ad Orientales, scilicet — ut praecipuos tantum memoremus — Instruct. « *Sanctissimus* » Clementis VIII, 31 aug. 1595, § 5 [24], *Professio Orthodoxae Fidei ab Orientalibus facienda* Urbani VIII, n. 22 [25], Instr. Benedicti XIV « *Etsi pastoralis* », 26 maii 1742, § 8, 2 (in qua repetuntur verba Instr.: Clementis VIII) [26], *Professio fidei Maronitis praescripta*, eiusdem Benedicti XIV, 16 mart. 1743, § 5 (quae repetit verba Prof. fidei Urbani VIII) [27].

Inde tamen a saec. 18 exeunte, fere omnes RR. Pontifices declarationes explicitas habent, diverso quidem gradu sollemnitatis praeditas, prout erant adiuncta quibus occurrebant.

Sic Pius VI in epist. ad Episc. Agrigiensem, supra citata, fortiter affirmat matrimonium etiam pure naturale esse iure divino indissolubile, quod « proinde nulla civili lege solvi queat » [28]. Gregorius XVI, in textu supra relato, terminis omnino generalibus affirmat indissolubilitatem matrimonii rati et consummati. Pius IX hanc propositionem damnavit: « Iure naturae matrimonii vinculum non est indissolubile, et in variis casibus divortium proprie dictum auctoritate civili sanciri potest » [29]. Leo XIII in Enc. « *Arcanum* », energice et ample con-

---

24 GASPARRI, *C.I.C. Fontes*, I, p. 345.

25 R. DE MARTINIS, *Iuris Pontificii de Propaganda Fide pars prima*, I, Romae, 1888, 231.

26 GASPARRI, *C.I.C. Fontes*, I, n. 328, p. 749.

27 *Ibid.*, n. 335, p. 786.

28 Textus inseritur in Enc. « *Casti connubii* »: *A.A.S.*, 22 (1930) 551.

29 DENZ.-SCHÖNM., 2967.

tra divortium agit indissolubilitatemque matrimonii vindicat [30]. Item Pius XI in Enc. «*Casti connubii*» magna amplitudine et terminis praecisis doctrinam catholicam de indissolubilitate matrimonii — indicatis etiam exceptonibus quibus haec subest — proponit [31]. Pius XII saepius indissolubilitatem matrimonii affirmat, ut statim videbimus. Item Ioannes XXIII [32] et Paulus VI, data occasione, eamdem doctrinam reaffirmant [33].

Cum autem hodie saepius impugnetur indissolubilitas extrinseca matrimonii, ad hanc peculiarem attentionem praestemus oportet.

Hodie ultro conceditur indissolubilitatem intrinsecam — id est, dissolubilitatem matrimonii sive ipso facto (adulterii), sive ex voluntate coniugum — manere exclusam a doctrina catholica, attentis praesertim canonibus Tridentinis; etsi non desunt tendentiae, ut infra videbimus, quae huic etiam indissolubilitati insidiantur. Item non moventur speciales difficultates contra indissolubilitatem extrinsecam ex parte auctoritatis civilis, quoad matrimonium baptizatorum. At saepe repetitur — sive scriptis, sive ore — non esse omnino certum Romanum Pontificem non posse dissolvere, *vi potestatis vicariae* [34], etiam matrimonium ratum et consummatum. Ad hanc indissolubilitatem, dicunt, nec canones Tridentini, nec doctrina theologorum et canonistarum, nec documenta RR. Pontificum attendunt.

Ad haec dicenda sunt:

1) Canones Tridentini certo ad hanc indissolubilitatem extrinsecam directe non respiciunt; at canon 7, ut suo loco indicavimus, quamvis ad illam explicite non

---

[30] *A.S.S.*, 12 (1879/80) 388 ss.; LEO XIII, *Acta*, ed. Rom., vol. 2, p. 16 ss., ed. Br., 1, 121 ss.

[31] *A.A.S.*, 22 (1930) 551 ss.

[32] Alloc. ad Praelatos S. R. Rotae, 14 dic. 1961.

[33] Alloc. ad Praelatos S. R. Rotae, 23 ian. 1967.

[34] Pro conceptu potestatis vicariae et quaestionibus quas hic conceptus suscitat, cfr. U. NAVARRETE, *Potestas Vicaria Ecclesiae. Evolutio historica conceptus atque observationes, attenta doctrina Concilii Vaticani II*, in: *Periodica*, 60 (1971) 415-486.

attendat etiam illam includere videtur, et certo eam non excludit.

2) Erroneum historice est affirmare doctrinam theologorum et canonistarum non attendisse ad indissolubilitatem extrinsecam matrimonii rati et consummati. Nam cum auctores tractant argumentum de potestate Papae ad dissolvendum matrimonium ratum et non consummatum et matrimonium infidelium, apertissime et directe problema de limitibus indissolubilitatis extrinsecae matrimonii aggrediuntur. In hac autem quaestione de limitibus potestatis Papae in vinculum matrimoniale (= quaestione de indissolubilitate extrinseca matrimonii) ita directe et aperte ab ipsis tractata, semper excludunt Papam posse matrimonium ratum et consummatum dissolvere.

3) Quod attinet autem ad testimonia RR. Pontificum, quaestio est positiva, quae ex analysi textuum dilucidanda est.

Opportunum duco hic referre quae hac super re alias scripsi [35], praemisso hoc textu Pii IX, in quo expressis verbis affirmat matrimonium dissolvi non posse « nec ab ipso quidem Romano Pontifice »:

> « Quae quidem perpetua atque indissolubilis matrimonialis vinculi firmitas, non ex ecclesiastica disciplina profluens, tanta est in matrimonio consummato, tum ex divino tum ex naturali iure, ut nullam ob causam, *nec ab ipso quidem Romano Pontifice*, dissolvi unquam possit, etiamsi ab alterutro coniugum fides coniugalis adulterio frangatur » [36].

Certum est — scribebam — saltem Pium XI et Pium XII excludere se posse dissolvere matrimonium ratum et consummatum *ne potestate quidem vicaria, ministeriali* seu *instrumentali*. Etenim:

---

35 *Indissolubilitas matrimonii rati et consummati*, cit., 452-459.

36 PIUS IX, Epist. « *Verbis exprimere* », 15 aug. 1859: *Acta Pii IX*, 3, 100.

a) Pius XI postquam affirmavit in enc. « *Casti connubii* » principium generale firmitatis omnium matrimoniorum, memorat exceptionem cui haec firmitas obnoxia est « ut in quibusdam coniugiis naturalibus solum inter infideles initis vel, si inter christianos, ratis illis quidem sed nondum consummatis », quae exceptio — pergit R. Pontifex — « non ex hominum voluntate pendet, neque potestatis cuiuslibet mere humanae, sed ex iure divino, cuius una custos atque interpres est Ecclesia Christi » [37]. Iam vero plena evidentia patet hanc potestatem *non mere humanam, sed ex iure divino,* vi cuius haec matrimonia solvuntur esse potestatem quam Auctores vocant vicariam, ministerialem vel instrumentalem. Tunc subiungit immediate R. Pontifex: « Nulla tamen, neque ullam ob causam, facultas huiusmodi cadere unquam poterit in matrimonium christianum ratum atque consummatum. In eo enim, quemadmodum maritale foedus plene perficitur, ita maxima quoque ex Dei voluntate firmitas atque indissolubilitas, nulla hominum auctoritate relaxanda, elucet » [38]. Ergo evidens est Papam excludere a propria potestate *non mere humana,* id est etiam ab illa quam vicariam, ministerialem vel instrumentalem vocant Auctores, matrimonium ratum et consummatum. Etsi haec verba technica non adhibeantur, contextus est adeo clarus ut locum dubitationi non sinat.

b) Pius XII explicitis verbis excludit a potestate vicaria matrimonium ratum et consummatum. Operae pretium est textus ipsos exhibere:

> « E' superfluo ... il ripetere che il matrimonio rato e consumato è per diritto divino indissolubile, in quanto che non può essere sciolto da nessuna potesta humana (can. 1118); mentre gli altri matrimoni, sebbene intrinsecamente siano indissolubili, non hanno però una indissolubilità estrinseca assoluta, ma, dati certi necessari presupposti, possono (si tratta, come è noto, di casi relativamen-

[37] *A.A.S.*, 22 (1930) 552.

[38] *Ibid.*

te ben rari) essere sciolti, oltre che in forza del privilegio Paolino, dal Romano Pontefice in virtù della sua potestà ministeriale »[39].

Evidens est Papam excludere matrimonia rata et consummata ab illa potestate vi cuius dissolvi possunt alia matrimonia « gli altri matrimonii ». Iam vero haec dissolvi possunt vi potestatis quam ipse Papa vocat « ministerialem », quaeque est eadem ac vicaria et instrumentalis (in terminologia Auctorum). Ergo Papa cum dicit matrimonium ratum et consummatum non posse dissolvi *ab ulla potestate humana* (can. 1118), certo intendit excludere etiam potestatem quam R. Pontifex habet ad solvenda matrimonia quae non sint rata et consummata, id est, potestatem ministerialem, vicariam seu instrumentalem.

> « Nell'unità del vincolo coniugale voi vedete impresso il suggello della indissolubilità. E', si, un vincolo a cui inclina la natura, ma non è causato necessariamente dal principio della natura, bensì si compie mediante il libero arbitrio; però la semplice volontà dei contraenti, se lo può stringere non lo può sciogliere. Ciò vale non soltanto per le nozze cristiane, ma in generale per ogni matrimonio valido che sia stato concluso sulla terra dal consenso mutuo dei coniugi ... Ma se l'autorità degli sposi, contratto che l'abbiano, non può sciogliere il vincolo matrimoniale, potrà forse farlo l'autorità superiore ai coniugi, stabilita da Cristo per la vita religiosa degli uomini? Il vincolo del matrimonio cristiano è così forte che, se esso ha raggiunto la sua piena stabilità con l'uso dei diritti coniugali, nessuna potestà al mondo, nemmeno la Nostra, quella cioè del Vicario di Cristo, vale a rescinderlo »[40].

Hic etiam patet mens R. Pontificis plena claritate.

---

39 Pius XII, Alloc. ad Praelatos S. R. Rotae, 3 oct. 1941: *A.A.S.*, 33 (1941) 424-425.

40 Pius XII, Alloc. ad nuperrime coniugatos, 22 apr. 1942: *Discorsi e Radiomessaggi di Sua Santità Pio XII*, IV, Milano, 1943, 46-47.

Ipse enim sibi proponit quaestionem num forte « auctoritas superior coniugibus statuta a Christo ad vitam religiosam hominum » possit dissolvere matrimonium christianum consummatum. Et respondet nullam potestatem in mundo, *ne quidem illam Vicarii Christi* posse rescindere tale matrimonium. Non potest esse dubium R. Pontificem velle excludere hic etiam potestatem quam vicariam vel ministerialem vocant [41].

Positis his textibus adeo explicitis, facile intelleguntur alii clari quidem sed non adeo expliciti:

> « I fedeli cattolici debbono mantenere ben saldi i seguenti punti fondamentali: il matrimonio validamente contratto è per ciò stesso un sacramento. Questo matrimonio valido fra battezzati, una volta consumato, non può essere per nessuna causa sciolto da nessuna umana autorità, da nessun potere sulla terra, ma soltanto dalla morte » [42].
>
> « Ora si tratta di riparare queste rovine, di sanare queste piaghe, di curare questi mali. Il cuore materno della Chiesa sanguina alla vista di indicibili angosce di tanti suoi figli, per venire loro in aiuto non risparmia alcuno sforzo, e spinge fino all'estremo limite la sua condiscendenza. Questo limite estremo trovasi solennemente formulato nel can. 1118: « Matrimonium validum ratum et consummatum nulla humana potestate nullaque de causa, praeterquam morte, dissolvi potest » [43].

Non videtur posse esse dubium etiam in his textibus Pium XII intendere illam locutionem « da nessuna

---

[41] Nobis videntur carere fundamento dubia quae aliqui auctores movent circa sensum horum verborum Pii XII, ac si ille ageret hic de « potestate vicaria » sensu vulgari et generico, non vero de potestate vicaria sensu proprio (Cfr. J. CASTAÑO, *Introductio ad ius matrimoniale, I. De Matrimonii natura,* ad Studentium usum privatum, Romae, 1967, 230-231).

[42] PIUS XII, *Instructio pastoralis ad parochos Urbis et concionatores sacri temporis quadragesimae*: *De Sacramentis*: *A.A.S.*, 37 (1945) 41.

[43] PIUS XII, Alloc. ad Praelatos S. R. Rotae, 6 oct. 1946: *A.A.S.*, 38 (1946) 396.

umana autorità, da nessun potere sulla terra », atque illam « da nessuna potestà umana » canonis 1118, in sensum comprehensivum, id est prout comprehendit etiam potestatem quam vicariam, ministerialem vel instrumentalem vocant.

Item certum est — contra id quod nonnulli, v. gr. Pospishil [44] et Gommenginger [45] affirmant — clausulam « *nulla humana potestate* » canonis 1118 includere quoque hanc potestatem vicariam seu ministerialem. Attentis enim subsidiis rectae interpretationis, non potest esse dubium quin Legislator hac clausula voluerit significare praeterquam potestatem civilem cuiusvis generis, quamlibet potestatem Ecclesiae, etiam illam qua matrimonia rata et non consummata atque matrimonia non rata etsi consummata solvuntur, quamque vicariam seu ministerialem vel instrumentalem dicunt. Clausula can. 1118 habet eundem sensum ac in can. 1081, § 1 : « Matrimonium facit partium consensus... qui *nulla humana potestate* suppleri potest », in quo certo excluditur praeter potestatem civilem, quaelibet potestas Ecclesiae, non excepta vicaria seu ministeriali. Quod hic sit sensus exegeticus canonis 1118 non potest in dubium vocari, etiamsi attentis tantum verbis adhibitis de se canon aliud significare posset.

Tamen cum, tum textus Pii IX, Pii XI, et Pii XII, tum canon 1118 non constituant nisi expressiones Magisterii Ordinarii, nec ex alia parte documentum ullum sollemnius Magisterii circa hanc quaestionem specificam habeatur, doctrina in eis proposita, quae aliunde implicite continetur in doctrina traditionali Ecclesiae, non habet qualificationem theologicam altiorem illa quam communiter tribuunt auctores, scilicet « *saltem doctrina catholica* ».

His suppositis, patet totum problema devolvi ad problema theologicum de Magisterio, scilicet : quo gradu cer-

---

[44] Cfr. V. J. Pospishil, *Divorce and Remarriage. Towards a new catholic Teaching*, New York, 1967, 130.

[45] Cfr. A. Gommenginger, *Zur Unauflöslichkeit der Ehe*, in: *Orientierung*, 33 (1969) 10.

titudinis theologicae et irreformabilitatis gaudeat doctrina quae non est definita, sed quae est maximi momenti pro vita morali populi fidelis quaeque constanter saltem in toto secundo millennio tenetur in Ecclesia necnon quae explicitis verbis a pluribus RR. Pontificibus proposita est uti doctrina Ecclesiae. Problema est gravissimum et ad theologos spectat. Hic tantummodo velim notare inadmissibilem prorsus esse modum ratiocinandi eorum qui ex eo quod indissolubilitas matrimonii non est dogma fidei deducunt hanc doctrinam reformari posse. Est enim evidens nostras certitudines in campo theologico non posse reduci ad veritates definitas vel quae ut de fide sunt credendae. Sicut enim in ordine philosophico habentur variae species certitudinis — certitudo moralis lata et stricta, certitudo physica, certitudo metaphysica —, quae quidem verae certitudines sunt, etsi absolute loquendo impossibilitas contrarii tantum habetur in certitudine metaphysica; sic etiam quoad veritates ordinis supernaturalis, etsi certitudo quae absolute excludit possibilitatem contrarii tantum habetur in propositionibus quae sunt de fide, est prorsus inadmissibile reducere nostras certitudines solummodo ad propositiones fidei, eo vel minus si ad hoc ut aliqua propositio habeatur uti de fide exigeretur pronuntiatio sollemnis Magisterii Ecclesiae. Vita christiana esset omni scepticismo exposita, et practice impossibilis.

Ad complementum materiae huius puncti, addam aliqua verba de doctrina Concilii Vaticani II, lectorem remittens ad amplum studium quod de hac re anno 1968 publicavi [46].

Ut notum est, Concilium in Const. « *Gaudium et spes* », agendo de dignitate matrimonii et familiae (pars II, cap. I), non intendit proponere doctrinam completam, sed tantum « quaedam doctrinae Ecclesiae capita in clariorem lucem » ponere, idque — data indole pastorali Constitutionis, quae praeterea ad omnes homines diri-

---

[46] Cfr. U. NAVARRETE, *Structura iuridica matrimonii secundum Concilium Vaticanum II*, Romae, 1968, p. 86-105, n. 98-131.

gitur — vitatis consulto terminis et quaestionibus technicis. Ideo frustra quaesieris in hoc documento expositionem technicam complexae quaestionis indissolubilitatis matrimonii cum distinctionibus inter firmitatem matrimonii naturalis et sacramentalis, consummati et non consummati. Attamen, « fidelitas et indissolubilitas *saltem septies* sublineantur », uti animadvertit Commissio in expensione Modorum, respondens Patribus qui petebant ut clarius et fortius indissolubilitas proponeretur [47].

En locos magis significativos: Matrimonii dignitas « *divortii lue* » saepe hodie obscuratur (n. 47). — « Ita actu humano... institutum *ordinatione divina firmum* oritur, etiam coram societate; *hoc vinculum sacrum* intuitu boni, tum coniugum et prolis tum societatis, *non ex humano arbitrio pendet* » (n. 48), ad quem textum animadvertit *Relatio*: « ... Loco « *singulorum* arbitrio », dicendum proponitur: « *humano* arbitrio », ad includendam quamlibet humanam potestatem ». — « Quae intima unio, utpote mutua duarum personarum donatio, sicut et bonum liberorum, plenam coniugum fidem exigunt atque *indissolubilem eorum unitatem urgent* » (n. 48). — « Amor ille [coniugalis] mutua fide ratus, *et potissimum sacramento Christi sancitus,* inter prospera et adversa corpore ac mente *indissolubiliter fidelis est,* et *proinde ab omni adulterio et divortio alienus remanet* » (n. 49). — « ipsa indoles *foederis* inter personas *indissolubilis* atque bonum prolis exigunt, ut mutuus etiam coniugum amor recto ordine exhibeatur, proficiat et maturescat. Ideo etsi proles, saepius tam optata, deficiat, matrimonium ut totius vitae consuetudo et communio perseverat, suumque valorem atque *indissolubilitatem servat* » (n. 50).

5. - *Opiniones recentiores contra indissolubilitatem matrimonii rati et consummati*

Principium absolutae indissolubilitatis matrimonii rati et consummati retentum erat pacifice in Ecclesia

---

[47] *Modus* 15, f).

usque ad hoc ultimum decennium. Occasione autem praeparationis Concilii, durante ipso Concilio, et praesertim post Concilium, plures libri, plus vel minus scientifici, plurimaque scripta sive in diariis sive in ephemeridibus altioris culturae, prodierunt, quae vel aperte negant vel in dubium vocant principium indissolubilitatis matrimonii rati et consummati, vel tales doctrinas circa quaestiones connexas (cfr. supra pp. 100-108) proponunt, quae fundamenta ipsa illius principii labefactant.

Cum autem de his iam alibi scripserim, hic tantummodo innuam, ad complementum expositionis, praecipua capita obiectionum, lectorem remittens ad alia scripta.

a. - *Obiectiones quae directe moventur contra principium ipsum absolutae indissolubilitatis matrimonii rati et consummati.*

In articulo quem scripsi anno 1969: « *Indissolubilitas matrimonii rati et consummati. Opiniones recentiores et observationes,* recensui scripta quae usque tunc prodierant. Obiectiones quae in illis scriptis contra principium indissolubilitatis matrimonii rati et consummati moventur, reducebam ad haec capita: 1) Magisterium; 2) S. Scriptura; 3) potestas illimitata clavium; 4) historia primi millennii; 5) incerta ratio indissolubilitatis; 6) rationes pastorales et humanitatis; 7) rationes oecumenicae; 8) progressiva Ecclesiae conscientia de propria potestate.

Maxima pars huiusmodi difficultatum non sunt novae easque magni matrimonialistae prae oculis semper habuerunt eisque solutionem conati sunt invenire. Sed in his scriptis recentioribus id habetur commune, quod quidquid indissolubilitati matrimonii contrarium est maxime effertur, atque uti certum videtur facile acceptari — etsi agatur forte de theoriis vel hypothesibus nondum seria et matura reflexione comprobatis —; quidquid vero indissolubilitati favet vel doctrinam traditionalem Ecclesiae reflectit, deprimitur, praeteritur, in dubium — nisi sit de fide definita — vocatur.

Expositionem huiusmodi obiectionum atque observationes circa earum pondus, vide in citato articulo [48].

b. - *Obiectiones contra quaestiones quae praesupponuntur in problemate indissolubilitatis matrimonii rati et consummati.*

Praeter obiectiones quae contra principium ipsum indissolubilitatis his recentissimis annis moventur, recensendae veniunt obiectiones vel oppugnationes quae hinc inde agitantur contra unumquodque ex tribus elementis, quae in problemate indissolubilitatis matrimonii rati et consummati ingrediuntur, scilicet, vinculum, sacramentum, consummatio. Nam in non paucis ex recentioribus scriptis, retinetur quidem verbis principium indissolubilitatis in se sumptum, idque firmum et irreformabile affirmatur; at, simul, tales theoriae proponuntur circa unumquodque vel aliquod ex illis tribus elementis — vinculum, sacramentum, consummationem — ut principium indissolubilitatis prorsus evanescat remaneatque in praxi purus flatus vocis, si illae theoriae essent verae.

(A). *Quoad vinculum matrimoniale*

Insidiae omnium gravissimae, meo iudicio, contra stabilitatem matrimonii ac contra conceptionem ipsam christianam matrimonii et familiae, proveniunt ex nova conceptione, quae semper magis spargitur in Ecclesia, circa formationem seu constitutionem vinculi matrimonialis, si de vinculo adhuc sermo esse potest in hac nova theoria.

Iuxta hanc novam conceptionem vel theoriam, matrimonium non creatur uno actu indolis pactitiae seu contractualis, id est « foedere coniugii seu *irrevocabili consensu personali* », ex quo actu « institutum ordinatione divina firmum oritur etiam coram societate », scilicet « vinculum sacrum », quod amplius « non ex humano arbitrio pendet » (sunt verba Const. « *Gaudium*

---

[48] *Periodica,* 58 (1969) 445-489, etiam in *De matrimonio coniectanea,* Romae, 1970, 462-493.

et spes » n. 48); sed concipitur ut relatio vitalis ex mutuo amore orta inter personas diversi sexus quae in perpetuo « devenire » versatur: intensior fit ac roboratur dum crescit et intensior fit amor coniugalis, desinit exsistere, moritur, ipso facto ac desinit exsistere amor coniugalis. Est conceptio valde similis illi, quam romanistae postmanentini dicunt fuisse conceptionem matrimonii romani, hac unica differentia: quod loco *consensus continui* seu *affectionis maritalis* matrimonii romani, hi auctores recentiores ponunt *amorem coniugalem,* intellectum, praeterea, modo valde superficiali et ephimero, scilicet uti relationem praevalenter affectivo-sexualem, obnoxiam omni generi variationum decursu vitae.

Patet supposita hac conceptione non habere sensum quaestionem de indissolubilitate vinculi matrimonialis, etsi huiusmodi auctores insistant in eo quod ideale est ut « vinculum » coniugale perseveret, roboretur, crescat usque ad mortem. Immo non deest qui, uti Steininger, affirmet vinculum ontologicum matrimonii non destrui nec morte quidem coniugum, sed perseverat in aeternum: morte destruitur tantum vinculum iuridicum quod impediebat secundum matrimonium: si autem post mortem unius coniugis, alter matrimonium init, hoc secundum matrimonium licitum quidem est, at non est sensu pleno matrimonium [49].

In hac conceptione vix habet locum distinctio inter momentum formationis seu constitutionis vinculi matrimonialis (matrimonium in fieri) et vinculum ipsum iam constitutum (matrimonium in facto esse). Matrimonium enim concipitur « in fieri » continuo et perpetuo, cum possibilitate ut processus illius « fieri » mutetur in processum contrarium, id est in processum deminutionis amoris ideoque deminutionis consistentiae vinculi usque ad exstinctionem totalem amoris ideoque usque ad reductionem ad nihilum ipsius vinculi matrimonialis, seu usque ad « mortem », ut dicunt, matrimonii.

---

[49] V. STEININGER, *Auflösbarkeit unauflöslicher Ehen,* Graz, 1968.

Praeter hanc conceptionem vel theoriam adeo contrariam conceptioni christianae matrimonii — et doctrinae ipsius Const. « *Gaudium et spes* » in qua praetendunt inniti pro multis ex eorum affirmationibus —, habetur alia tendentia quae, etsi non sit adeo radicaliter destructiva stabilitatis matrimonii, ad consequentias perniciosas ducit : scilicet, ut quis validum matrimonium ineat tales exiguntur condiciones maturitatis, responsabilitatis, cognitionis iurium et obligationum status matrimonialis, necnon qualitates ad vitam communem ducendam, etc., ut practice omne matrimonium quod decursu vitae coniugum naufragaverit, declarandum esset nullum, utpote contractum absque consensu debitis qualitatibus praedito. Certum quidem est sanam iurisprudentiam canonicam debere progredi iuxta progressum scientiarum humanarum; at si opiniones huiusmodi auctorum acceptarentur, perveniretur in Ecclesia ad concedendum divortium vinculare (sub specie declarationis nullitatis) maiore facilitate et amplitudine quam in ullo ordinamento civili, etiam maxime divortistico.

Accedit praeterea tendentia ad exaggerandam dignitatem et autonomiam personae humanae et libertatem conscientiae personalis contra structuras, ut vocant, societatis, id est contra auctoritatem publicam : In materia matrimoniali, iuxta hanc tendentiam, deberet praevalere id quod propria conscientia dictat circa libertatem aliud matrimonium ineundi prae iudicio auctoritatis publicae, in nostro casu, auctoritatis Ecclesiae. Functio Ecclesiae reducitur ad functionem merae constatationis factorum. Si primum matrimonium reputatur nullum ab uno ex coniugibus — et ita reputatur, iuxta supra dicta, si matrimonium naufragavit vel « mortuum est », ut dicitur — ad Ecclesiam debet recurri, non ut obtineatur libertas aliud matrimonium ineundi, sed simpliciter ratione alicuius ordinis externi necessarii in communitate fidelium.

In radice huius tendentiae stat negatio stabilitatis vinculi matrimonialis et simul negatio auctoritatis Ecclesiae impediendi efficacitatem consensus naturaliter validi.

Recentes Litterae Card. Praefecti Signaturae Apostolicae ad Card. Alfrink expresse denuntiant aliquas ex his tendentiis, quae sunt prorsus eversivae conceptionis christianae matrimonii et disciplinae matrimonialis in Ecclesia [50].

(B). *Quoad sacramentalitatem*

Matrimonium non est absolute indissolubile, nisi sit ratum (sacramentum). Hoc autem non habetur, nisi uterque coniux sit baptizatus, iuxta doctrinam hodie communem, praeeunte praxi Sanctae Sedis, quae dissolvit, positis ponendis, quodlibet matrimonium etiam consummatum si unus saltem ex coniugibus sit non-baptizatus.

Hodie hac super re duae quaestiones agitantur, quarum altera antiqua est et iam superata videbatur; altera vero, prout proponitur, recens dicenda est. Possunt sic breviter enuntiari: 1) utrum omne matrimonium inter duos baptizatos sit necessario sacramentum. Aliis verbis: utrum duo baptizati inire possint matrimonium validum quin sit eo ipso sacramentum. 2) Utrum ut matrimonium sit sacramentum sufficiat ut uterque coniux sit baptizatus an, praeter fundamentum baptismi, requiratur aliquid amplius, v. gr. fides vel intentio ineundi matrimonium quod sit signum connubii caritatis Christum inter et Ecclesiam.

Prima quaestio ample in historia agitata fuit apud theologos et canonistas praesertim occasione gallicanismi, iosephinismi et febronianismi, ut supra insinuavimus. Doctrina, ipso Magisterio Ecclesiae roborata, semper magis concors facta est in sensum inseparabilitatis contractum inter et sacramentum in matrimonio baptizatorum.

Ad secundam quaestionem theologi et canonistae in historia non attenderunt. At patet ex responsione ad primam quaestionem necessario deduci nihil amplius praeter baptismum requiri ut matrimonium validum inter baptizatos sit sacramentum. Secus rueret principium in-

---

50 Editae sunt in: *Il Regno,* 1 maggio 1972.

separabilitatis contractum inter et sacramentum in matrimonio baptizatorum.

Quod attinet ad indissolubilitatem, est evidens quod si hae quaestiones in sensum diversum ac illum huc usque retentum solverentur, criteria circa limites indissolubilitatis matrimonii profunde mutarentur [51].

(C). *Quoad consummationem*

Denique hodie difficultates eaedemque graves contra stabilitatem matrimonii christiani moventur ex notione consummationis matrimonii. Tales enim doctrinae proponuntur, quae, si acceptarentur, nulla securitas haberetur, quandonam aliquod matrimonium sit consummatum, ideoque nulla securitas circa eius indissolubilitatem in singulis casibus, etiam si retineatur principium generale indissolubilitatis matrimonii rati et consummati.

Iuxta has theorias, consummatio matrimonii sensu traditionali, illa nempe quae habetur per primam copulam coniugalem non sufficit, ut matrimonium sit vere consummatum, sed requiritur « consummatio psychologica seu unio coniugum in eorum totalitate » [52]. Effectus qui consummationi tribuuntur, iuxta hos auctores, non producuntur nisi quando haec consummatio psychologica locum habuit. Existimant enim huiusmodi graves effectus dependere non posse ab uno tantum actu, qui praesertim elementis materialibus, anatomicis et physiologicis, determinatur. In notione traditionali consummationis, dicunt, non satis attenditur ad valores exsistentiales profunde humanos et totam personam afficientes, qui in consummatione matrimonii adsint oportet.

Certum quidem est notionem copulae consummativae matrimonii indigere revisione. Non enim videtur posse retineri notio quae tantum elementis anatomicis et phy-

---

51 Pro ampliore expositione, vide meum articulum *De notione et effectibus consummationis matrimonii*, in: *Periodica*, 59 (1970) 646-650.

52 J. T. FINNEGAN, *When is a Marriage indissoluble? Reflection on a Contemporary Understanding of a Ratified an Consummated Marriage*, in: *The Jurist*, 28 (1968) 323.

siologicis definitur, ut alias conatus sum demonstrare [53]. At quaestio quae hic agitatur est alia: utrum nempe matrimonium sit consummatum semper ac locum habuerit una copula vere coniugalis — ea nimirum quae omnia elementa essentialia anatomica, physiologica, psychologica et moralia — contineat, an aliquid amplius requiratur.

Supposita vera notione copulae coniugalis, non videtur posse dubitari quin matrimonium consummetur, sensu iuridico et theologico, prima copula coniugali, id est, per primam copulam coniugalem producitur et effectus iuridicus absolutae indissolubilitatis vinculi et effectus theologicus perfecti symbolismi connubii caritatis Christum inter et Ecclesiam. Matrimonium quidem ex sua natura natum est ad obtinendam semper maiorem consummationem seu perfectionem in sua realitate exsistentiali necnon in sua realitate sacramentali prout hoc sacramentum permanet; at quoad processum formationis vinculi matrimonialis sensu iuridico, et quoad sacramentum prout est actio significans gratiam quam producit, dubitari non posse videtur quin matrimonium sit plene consummatum seu perfectum a momento quo locum habuerit inter coniuges prima copula coniugalis, prout alias fusius exposui [54].

URBANO NAVARRETE, S. I.

---

53 *De notione et effectibus consummationis matrimonii*, cit., 623-645.

54 *Ibid.*, 650-657.

INDEX FONTIUM

S. Scriptura

Gen.

1, 27 — 46, 50
2, 24 — 50

Lev.

8, 6 - 18 — 59
17, 18 — 61
18, 6 - 18 — 60

Deut.

10, 16 — 50
17, 17 — 46
24, 1 — 49, 52, 54, 56, 63, 64
2 — 49
3 — 49
24, 1 ss. — 49

Eccli.

16, 4 — 50

Jer.

14, 4 — 50

Mt.

5, 3 — 61
6 — 61
17 — 53
18 — 46
20 — 51
21 - 44 — 53
21 — 53
27 — 53
27 - 30 — 53
31 — 45
32 — 43, 45, 46, 53, 54, 55, 57, 61, 62, 67
33 — 53
38 — 53
43 — 53
6, 32 — 32
10, 5 ss. — 67
11, 12 — 64
30 — 55
15, 24 — 67
19, 1 — 43, 47, 49
2 — 43, 44
3 — 43, 45
4 — 43, 45
5 — 43, 45
6 — 43, 45, 46
7 — 43, 45
8 — 43, 45
9 — 43, 45, 46, 55, 56, 57, 61, 62, 63, 67
10 - 12 — 63
22, 15 - 22 — 52
23 - 33 — 52
34 - 40 — 52
28, 19 — 67

Mc.

3, 5 — 50
6, 17 ss — 51
10,1 — 49
1 - 12 — 43, 47
2 - 12 — 45
9 — 66
19 - 12 — 51, 53, 63
11 — 53, 56, 63
12 — 51, 56, 63

Lc.

6, 20 — 61
21 — 61
16, 1 - 15 — 46

16 45, 46
17 45, 46
18 43, 46, 56
19 - 31 46

Jo.

4, 18 60

Act. Ap.

15, 20. 29 59, 61
15, 67
21, 25 59

Ad Rom.

7, 2 101

I ad Corth.

5, 1 60
6, 6 65
7, 1 45
6 44
9 101
10 43, 44, 58, 64, 65
10 ss 54
11 43, 44, 58, 64, 66
12 58, 64, 65
13 64, 65, 67
14 64, 65, 67
15 64, 65, 67, 84
16 64, 66, 67
25 65
39 66. 101
40 65
9, 21 64
10, 27 65
14, 22 - 24 65

II ad Corth.

4, 4 65
6, 14 - 15 65

Philip.

4, 3 55

I Tim.

6,14 54

I Pet.

2, 21 54
3, 2 54

Jac.

1, 25 54
4, 11 55

I Jo.

5, 4 55

SS. Patres. Script. Eccl.ci
antiqui

Basilius 73, 76, 89.
Chrysostomus 84
De libello repudii 85
Comm. in Math. 14, 23; 87
Epiphanius 73, 76
Gregorius Nazianzenus 71
Augustinus 19, 81, 92
De coniugiis adulterinis 90
De Retractationibus, II, 57; 90
De bono coniugii 101
Hieronimus 81, 90, 92
Ep. 77, ad Oceanum 91
Ambrosiaster 84
Origenes 76, 81, 84
Tertullianus 10, 73, 81
Theodoretus 84

Concilia

Arelat. 89
Florent. 118
Trid. 105, 114, 116, 118, 121, 125, 126,
Ses. 24, can. 7. 111, 112, 113, 115, 116, 117, 119, 120, 121, 22, 126
Vatic. I. 118, 120
Vatic. II. 106, 120, 122, 132, 135, 137

RR. Pontifices

Alexander III 103, 107, 110

Clemens VIII 125
Urbanus VIII 125
Benedictus XIV 125
Gregorius XVI (Ep. ad Episc. Basil.) 123, 125
Pius IX 131
Leo XIII « Consensus mutuus » 104
Pius XI « Casti Connubii » 123, 125, 126, 127, 131
Pius XII. 126, 127, 128, 129, 130, 131
Joannes XXIII 126
Paulus VI 126

FONTES CIVILES

Cassius (Dio)

Hist. rom. 48, 5, 34 etc. 12

Cicero

Ad fam. 8, 7 11
» » 1, 56 13
De amic. 6, 1 41
Top 4, 19

Codex Justinianus

5, 4, 14 31
5, 4, 28 34
5, 16, 24, 1 16
5, 17, 8 21
5, 17, 8, 2-4 23
5, 17, 8, 4 23
5, 17, 8, 4b 21
5, 17, 9 21
5, 17, 10 23
5, 17, 11, 2 23
6, 46, 2 31
8, 38, 2 30, 31

Codex Theodosianus

3, 13, 2 19
3, 16, 1 15, 16, 20
3, 16, 2 20

Digesta

1, 6, 8 32
4, 4, 37, 1 34
23, 2, 14, 1 32
23, 2, 17, 1 33
23, 2, 67,3 33, 34
24, 1, 35 14, 31
24, 2, 2, 1 12
24, 2, 4 32
24, 2, 9 14
24, 3, 22, 7 32
34, 11, 1, 1 14
38, 11, 1, 1 14
45, 5, 25, 1 34
48, 5, 44 14

Fragmenta Vaticana

121 113, 13

Gellius

Noct. Att. 4, 3, 1 35
» » 4, 3, 2 10
» » 17, 21, 44 10

Halicarnas. Dionysius

Ant. Rom. 25, 7 9

Interpretatio Visigothica 15

Inst. Justiniani

1, 10, 2 33

Martialis

Epigr. 6, 7 11

Laudatio Turiae, 11

Maximus Valerius

Fact. et dict. memor. lib. novem, 2, 1, 4 9

Novellae

22, 3 24
22, 4 24
22, 13 16
22, 15, 16 23
23, 3 29
117, 8, 12 24

117, 10 25
117, 12 24
127, 4 24
134, 11 24, 25
140, 1 28
140 pr. et 1 26

Pauli Sententiae

2, 19, 7 32

Plutarchus

Romul 22, 3 8, 30
» 35 (6), 4 8
Numa 25 (3), 13 8

Seneca Jr.

De benef. 3, 16, 2 11

Suetonius

Caes. 1 12
Aug. 62-63 12
Aug. 24 13

Ulpianus

6, 8 11

INDEX AUCTORUM

Abril 109
Adnès 71
Alciatus Andreas 70
Allgeier 57
Allo 45

Baltensweiler 43
Basanoff, 17, 18, 29
Basset 43, 80, 81, 96
Baum 119
Benoit 50
Berrouard 90
Bevilacqua 82
Billuart 118
Biondi 16, 17, 19, 20, 22
Bishop 79
Bonaccorsi 57
Bonfante 16, 19, 20, 21, 24
Bonsirven 52, 58, 59
Bressan 112, 116, 121
Brini 8
Brunec 64

Cano M. 105
Caprile 73, 74, 75
Casoria 111
Castaño 130
Catharinus Ambrosius 70
Cereti 54, 65, 82
Costa 11
Crossan 43, 54, 61
Crouzel 57, 83, 84, 85, 86, 89

Da Spinelli
Da Spinetoli 54, 59
David J. 82
Della Mota 122
D'Ercole 35, 36
De Martinis 125
De Vaux 50
Domini 111
Douglas 5, 77, 79
Dauviller 72, 82
Dubarle 72, 73, 122
Duchatelez 97
Dulau 66
Dupont C. 17, 18
Dupont J. 43, 46, 57

Ehses 70
Esmein 71
Evdokimov 95, 96

Finnegan 139
Fleming 63
Fransen 121
Funk, F. X. 92

Garcia Garrido 35
Gasparri 123, 125
Gaudemet 33
Gerest 81
Gerhartz 122
Glorieux 19
Gommenginger 131
Gründel 82

Habert 117
Hage 75, 82
Héring 44
Huizing 122
Humbert 58

Jeremias 67
Journet Card. 74, 82

Kandiotis Agustin 95
Kelly 79
Keramé Oreste 77, 122
Kotsonis Jêrome 97

Labourdette 86
Lagrange 50
Larrañaga 57
Launoy 117
Laurentin 43
Le Plat 70
Levy E. 18, 22
L'Huillier 95, 97
Longo G. 35
Lyonnet 65

Magnin 71
Melia 94, 95, 96, 97
Maximos IV 74, 75
Metz-Schlick 93
Miegge 59
Milik 50
Millington 57
Moingt 81
Monserrat Torrens 82
Munier 89

Navarrete 69, 106, 107, 109, 126, 132, 139, 140
Nectarios Chatzimichalis 94
Noonan Jr. 80, 91

Palmieri 121
Patrizi 59
Perrone 119, 121
Picinelli 8
Pospishil 77, 79, 80, 85, 86, 92, 122, 131

Ramarason 60
Rasi 10, 19
Riccobono 17
Riggi 89
Robleda 10, 16, 89, 102
Rolandus 110
Roskovany 118, 119, 123
Rousseau O. 76
Russo B. 87

Sabourin 43, 58
Sargenti 16, 17, 18, 19
Schmalz 82
Schmemann 96
Schiavoni 16
Schupfer 11
Spicq 59
Staffa 138
Stano 49
Steininger 136
Stephanus Tornacensis 110
Stockmeier 82
Stramare 67
Suttner 71

Tafi 64
Tixeront 71
Tumbas 79

Uricchio 49

Vaccari 61
Vattioni 43, 57
Vogt 17, 18
Volterra 17, 36

Wal (van der) 94
Weil 82
Wenger A. 76

Yaron 18, 19

Zerwick 56, 58
Zimmermann 49
Zoghby 73, 74, 75

INDEX SUMMARIUS

Introductio 3

I. DE VINCULO MATRIMONII APUD ROMANOS . . . 7

I. DIVORTIUM ROMAE:

A) *Ante Constantinum* 7
Ante Imperium 7
Ab initio Imperii 13
B) *Inde a Constantino* 15
Constantinus 15
Iulianus Apostata 19
Impp. Honor. Theod. et Constantius II 20
Ius a. 439 inductum 21
Impp. Theod. II et Valent. III 22
Postrema ordinatio rei apud Iustinianum . . . 23

II. DE SENSU DIVORTII SEU DE RATIONE EIUS LOGICA APUD ROMANOS

Opinio frequens 26
Crisis istius opinionis 28

Conclusiones ulteriores

1) Ius romanum et theoria generalis 35
2) Doctrina romana divortii et indissolubilitas matrimonii 36

II. DE VINCULO MATRIMONII IN NOVO TESTAMENTO

I. NORMA 43

II. EXCEPTIONES 55

1. *De clausulis Matthei* 55
2. *Privilegium Paulinum* 64

III. DE VINCULO MATRIMONII APUD PATRES

OPINIONES RECENTIORES ET OBSERVATIONES 69

I. *Opiniones recentiores* 72
II. *Observationes* 86

IV. DE VINCULO MATRIMONII IN THEOLOGIA ET IURE CANONICO

I. QUAESTIONES PRAEVIAE CUM PRINCIPIO INDISSOLUBILITATIS CONNEXAE 100

1. *Quaestiones circa formationem seu constitutionem vinculi matrimonialis* 100
2. *Quaestiones circa sacramentalitatem matrimonii christiani* 105
3. *Questiones circa consummationem matrimonii* . . 106

II. DE PRINCIPIO ABSOLUTAE INDISSOLUBILITATIS MATRIMONII RATI ET CONSUMMATI 109

1. *Theologi et canonistae* 109
2. *Concilium Tridentinum* 111
3. *Interpretatio can. 7 Tridentini decursu temporis usque ad nostros dies* 114
4. *Magisterium recentius Ecclesiae* 123
5. *Opiniones recentiores contra indissolubilitatem matrimonii* 133
   a. Obiectiones quae directe moventur contra principium ipsum absolutae indissolubilitatis matrimonii rati et consummati 134
   b. Obiectiones contra quaestiones quae praesupponuntur in problemate idissolubilitatis matrimonii rati et consummati 135
      (A) Quoad vinculum matrimoniale 135
      (B) Quoad sacramentalitatem 138
      (C) Quoad consummationem 139

INDEX FONTIUM 141

INDEX AUCTORUM 145

Imprimi potest: Romae, die 10 octobris 1972. HERVÉ CARRIER, S. I., *Rector Universitatis*

Imprimatur: E Vicariatu Urbis, die 15 octobris 1972. ✠ HUGO POLETTI, *Provicarius*

Direttore responsabile, VINCENZO MONACHINO, S. I.

TYPIS PONTIFICIAE UNIVERSITATIS GREGORIANAE - ROMAE